U0188095

中国草原保护与牧场利用丛书

（汉蒙双语版）

名誉主编　任继周

北方饲用燕麦栽培技术

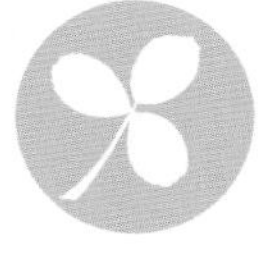

徐丽君　孙雨坤　杨桂霞

—— 著 ——

上海科学技术出版社

图书在版编目（CIP）数据

北方饲用燕麦栽培技术 / 徐丽君，孙雨坤，杨桂霞著. -- 上海 : 上海科学技术出版社，2021.1
（中国草原保护与牧场利用丛书 : 汉蒙双语版）
ISBN 978-7-5478-5137-1

Ⅰ. ①北… Ⅱ. ①徐… ②孙… ③杨… Ⅲ. ①燕麦一栽培技术一汉、蒙 Ⅳ. ①S512.6

中国版本图书馆CIP数据核字(2020)第237873号

中国草原保护与牧场利用丛书（汉蒙双语版）

北方饲用燕麦栽培技术

徐丽君　孙雨坤　杨桂霞　著

上海世纪出版(集团)有限公司
上海科学技术出版社　出版、发行
（上海钦州南路71号　邮政编码200235　www.sstp.cn）
上海中华商务联合印刷有限公司印刷
开本 787×1092　1/16　印张 11
字数 180千字
2021年1月第1版　2021年1月第1次印刷
ISBN 978-7-5478-5137-1 / S·206
定价：80.00元

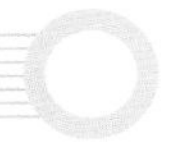
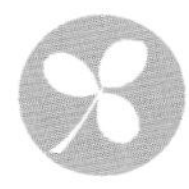

中国草原保护与牧场利用丛书（汉蒙双语版）

编/委/会

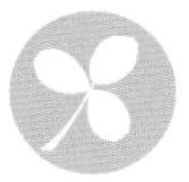

序

“中国草原保护与牧场利用丛书（汉蒙双语版）”很有特色，令人眼前一亮。

这是一套朴实无华，尊重自然，贴近生产，心里装着牧民和草原生态系统的小智库。该套丛书采用汉蒙两种语言表达了编著者对草原的理解和关怀。这是我国新一代草地科学工作者的青春足迹，弥足珍贵。它记录了编著者的忠诚心志和科学素养，彰显了对草原生态系统整体关怀的现代农业伦理观。

我国是个草原大国，各类天然草原近4亿公顷，约占陆地面积的40%以上，为森林面积的2.5倍、耕地面积的3.2倍，是我国面积最大的陆地生态系统。草原不仅是我国陆地的生态屏障，也是草原与它所养育的牧业民族所共同铸造的草原文明的载体。这是无私的自然留给中华民族的宝贵遗产。我们应清醒地认知，内蒙古草原，尤其是呼伦贝尔草原是欧亚大草原仅存的一角，是自然的、历史的遗产。

这里原本是生草土发育良好，草地丰茂，畜群如云，居民硕壮，万古长青的草地生态系统，人类文明的重要组分，是中华民族获得新鲜活力的源头之一。但是由于农业伦理观缺失的历史背景，先后被农耕生态系统和工业生态系统长期、不断地入侵和干扰，草原生态系统的健康遭受破坏，变为“生态脆弱区”。

目前大国崛起的形势已经到来，我们对草原的科学保护、合理利用、复壮草原生态系统势在必行。党的十九届四中全会提出“坚持和完善生态文明制度体系，促进人与自然和谐共生”。保护好草原，建设好草原生态文明，就是关系边疆各族人民生产、生活和生态环境永续发展，维护草原文化摇篮的千年大计。必须坚持保护优先、自然恢复为主，科技先行、多种措施并举，坚定走生产发展、生活富裕、生态良好的草原发展道路。

目前，草原科学新理念、新技术、新成果多以汉文材料为主，草原牧民汉语识别能力较弱，增加了在少数民族牧民中推广的难度。为此，该套丛书采用汉蒙双语对照，图文并茂，以便牧区广大群众看得懂、学得会和用得上，广泛推广最新研究成果，促进农牧民对汉字的识别能力。

该套丛书涵盖了草原保护与利用、栽培草地建植与管理等实用技术与原理，贯彻最新中央精神，可满足全国高校院所、农业、林业和草业部门对草牧业教材和乡村振兴战略读本的迫切需求。该套丛书的出版，可为恢复“风吹草低见牛羊”的富饶壮美的草原画卷提供有力支撑。

侯向阳

序于涵虚草舍，2019年初冬

[illegible]

[illegible]

前 / 言

我国是燕麦的原产地之一，在典籍中早有记载。《尔雅·释草》“蘥，雀麦”晋郭璞注：“即燕麦也”；宋邢昺疏：“蘥，一名雀麦，一名燕麦”，嗣后，许多人都坚持燕麦与雀麦系同一植物的观点。其中，不乏一些很有名的本草学家，如唐苏敬《新修本草》云：“[雀麦]一名蘥，一名燕麦。”燕麦为粮饲兼用型植物。在栽培中常见的有两种，一为皮燕麦，即燕麦（*Avena sativa*），俗称饲用燕麦；另一种为裸燕麦，北方俗称莜麦（*Avena muda*）。我国燕麦种植区域集中分布在北方。

饲草不仅是发展畜牧业的物质基础，也是保障畜牧业高质量发展的战略物资。随着我国畜牧业的快速发展，特别是奶产业的快速高质量发展，对优质饲草的需求量越来越大。燕麦因其营养丰富，近几年受到畜牧界特别是奶业界的青睐，对燕麦的需求量越来越大。然而，目前我国燕麦生产水平和生产能力还与高质量发展的畜牧业不相适应，燕麦供给能力还不能满足畜牧业高质量发展的要求，特别是还不能满足奶业高质量发展的要求。为此，2018年《国务院办公厅关于推进奶业振兴保障乳品质量安全的意见》明确指出，苜蓿、青贮玉米和燕麦为奶牛的三大粗饲料重点发展方向。2019年《国务院办公厅关于促进畜牧业高质量发展的意见》再一次提出，“因地制宜推行粮改饲，增加青贮玉米种植，提高苜蓿、燕麦草等紧缺饲草自给率。”这为我国饲草产业，特别是苜蓿、燕麦产业的发展提供了契机。

为了推进我国燕麦种植规模化、管理标准化、作业机械化和饲草优质化，本书梳理多年燕麦研究成果和总结多年燕麦生产实践经验，集成实用技术，为现代燕麦产业发展提供有效的技术支撑。成果的积累得到了许多科研项目的资助，主要包括：农业农村部国家牧草产业技术体系经费项目（CARS–34）、科学技术部重点研发项目（2016YFC0500600、2018YFF0213405）、中国农业科学院创新工程、国家农业科学数据共享中心–草地与草业数据分中心项目、农业农村部呼伦贝尔国家野外台站运行经费项目、国家自然基金青年项目（41703081）等。本书内容主要包括：为什么要种燕麦、燕麦种植概况、在哪里能种植燕麦、怎样建植燕麦地、怎样管理燕麦、燕麦加工与利用以及燕麦干草质量评价等七部分。

本书内容科学实用、通俗易懂、操作性强，非常适合广大农牧民、草原技术推广工作者以及大中专农业院校师生阅读和参考。希望本书的出版，将对我国北方燕麦建植与栽培技术推广起到积极的推动作用。由于时间和水平有限，书中难免出现遗漏、偏差甚至错误，恳请读者批评指正。

徐丽秀

2020年8月

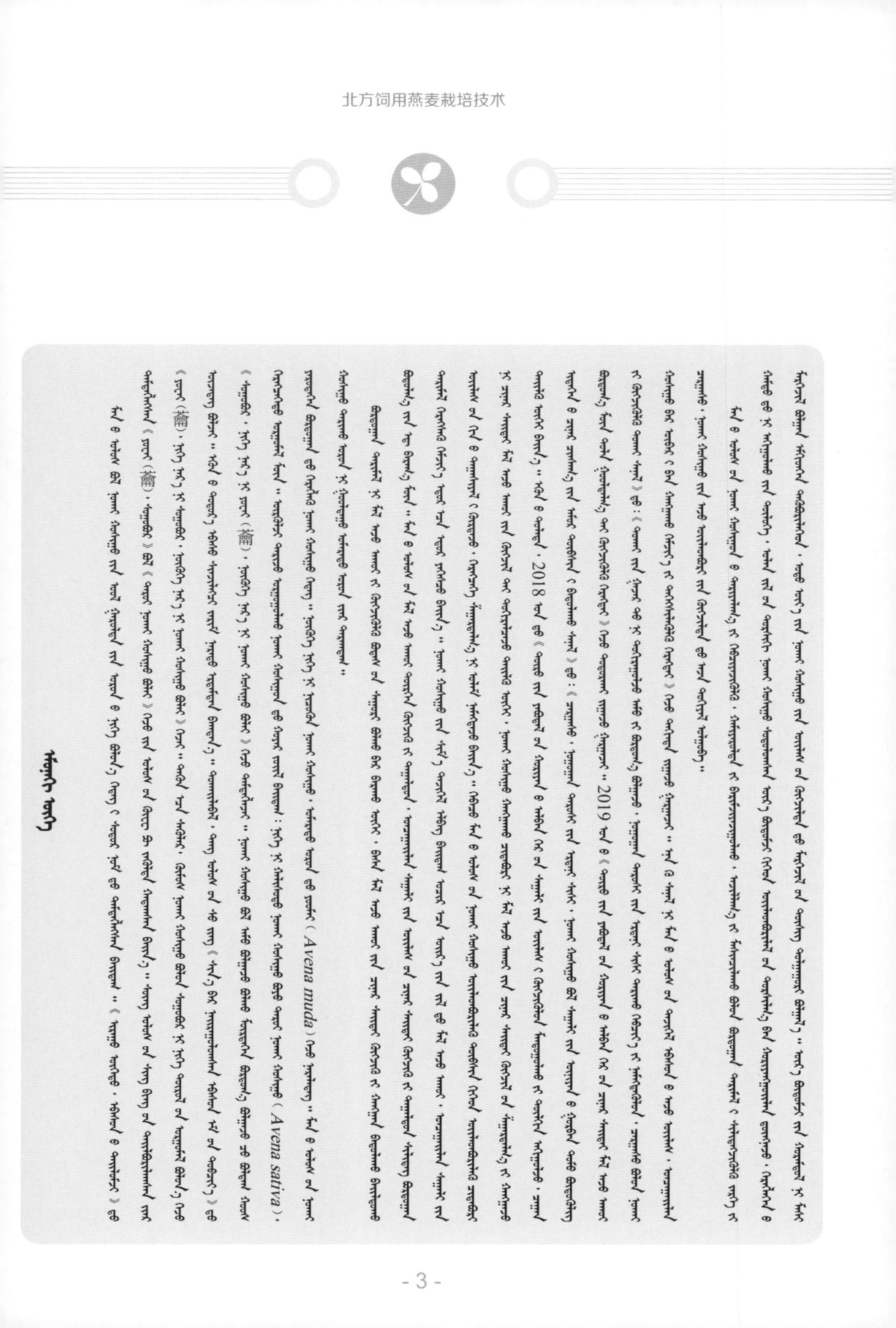

ᠡᠮᠦᠨᠡᠬᠢ ᠦᠭᠡ

[illegible] 《[illegible] · [illegible]》 [illegible] 《[illegible] (蘥) · [illegible]》 [illegible] 《[illegible]》 [illegible] 《[illegible] (蘥) · [illegible] · (蘥) [illegible]》 [illegible] (蘥) [illegible] 《[illegible]》 [illegible] (Avena sativa) · [illegible] (Avena muda) [illegible] ::

[illegible] 2018 [illegible] 2019 [illegible] ::

[illegible]

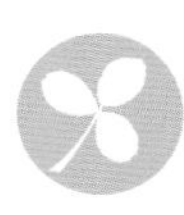

[illegible] 2018YFF0213405 [illegible] CARS- 34 [illegible] 2016YFC0500600 [illegible] 41703081 [illegible]

2020 [illegible] 8 [illegible]

[illegible]

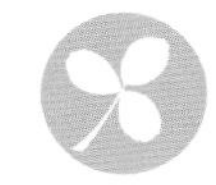

目 / 录

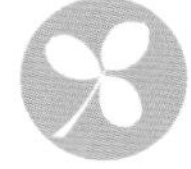

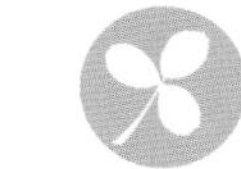

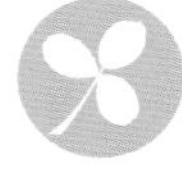

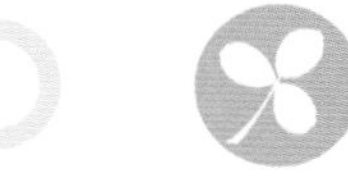

ᠭᠠᠷᠴᠠᠭ

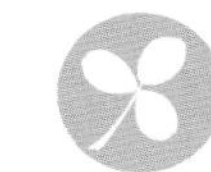

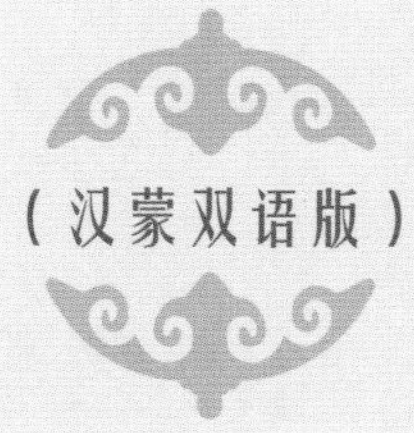

北方饲用燕麦栽培技术

第一章　为什么要种燕麦

燕麦是世界性的古老粮饲兼用作物。在世界禾谷类作物中，燕麦总产量仅次于小麦、水稻、玉米和大麦。燕麦起源于中国，广泛分布于欧洲、亚洲、非洲的温带地区，主要分布在北半球北部。我国是世界上燕麦栽培面积最大的国家，我国燕麦种植历史十分悠久，华北、西北、西南高寒冷凉地区均有种植，主要分布在晋、冀、内蒙三省（区）的高寒地带，占全国燕麦种植总面积的70%。其次，在陕、甘、宁、青四省（区）的六盘山南北、祁连山东西、秦岭大巴山区，以及四川、云南、贵州三省的大、小凉山及乌蒙山区的高海拔地带也有种植，约占燕麦种植总面积的30%。由于长期繁衍在瘠薄、干旱的生态条件下，导致燕麦耐旱、不耐水，耐瘠薄、不耐肥，产量低下，制约着产区农业的发展。近年来，随着人工种草和奶业发展，燕麦开始在农牧区大量产业化种植，已成为高寒牧区和奶业的重要饲草来源。

饲用燕麦是牧区和半农半牧区广泛种植的一年生草料兼用作物，具有适应性强、营养价值高、耐瘠薄和粗放管理等特点。饲用燕麦利用方式多样，籽实可作为精饲料，种子收获后的秸秆也可直接饲喂家畜，还可青贮、利用二茬草放牧或刈割。燕麦籽粒是农区役用家畜和牧区放牧家畜的重要精饲料资源。种子不能成熟的地区可在开花或灌浆至乳熟期刈割，晒制青干草；与豆类混播能提高青草产量和品质。一般与豌豆混播效果较好。

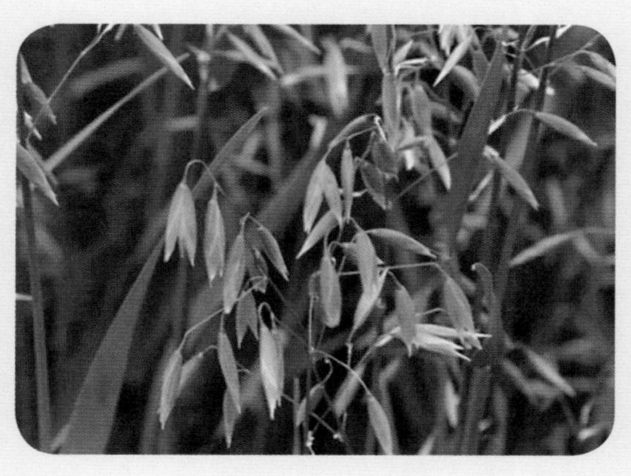

一、广泛的饲用价值

（一）燕麦干草

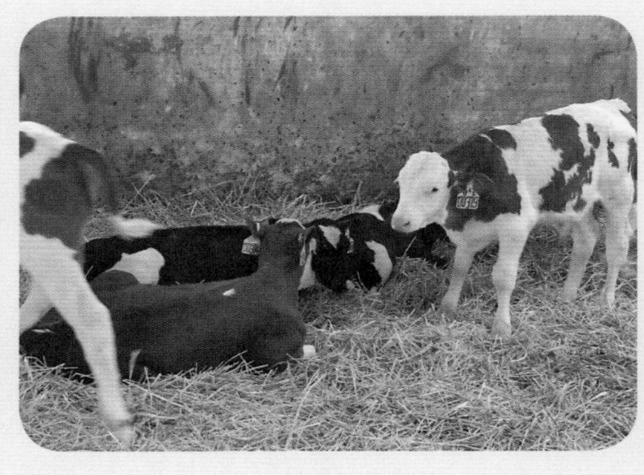

饲用燕麦青干草是最常见的一种燕麦利用方式。燕麦生长至开花、灌浆或乳熟、蜡熟期时刈割晒制的干草，有别于收获籽实后的黄干草。燕麦灌浆或乳熟期刈割可获得品质和产量俱佳的青干草。燕麦青干草的挥发性脂肪酸总量高于青贮玉米秸秆及谷草，且挥发性脂肪酸物质的量比例较低，有利于瘤胃发酵的调控。

以内蒙古地区为例，将燕麦制成干草饲喂奶牛，平均日产奶量增加2.13 kg。目前亚洲和大洋洲的澳大利亚相当一部分奶牛场已经开始使用澳大利亚的燕麦干草配合紫花苜蓿，作为奶牛干奶期和围产期的主要饲草。燕麦干草钾含量低（平均低于2%），有助于降低奶牛产褥热的发病率。燕麦干草还可用于饲喂羊、猪、马等牲畜。

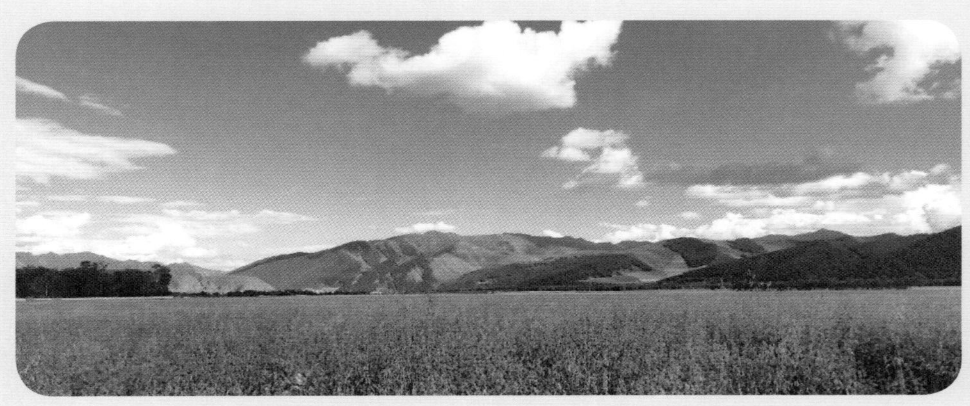

[illegible] ::

[illegible] 2% [illegible]

[illegible] 2.13 kg [illegible]

[illegible] ::

[illegible] ::

[illegible] ::

[illegible]

([illegible]) [illegible]

（二）燕麦籽实

燕麦籽实含有大量易消化和高热量的营养物质。燕麦籽粒中蛋白质、脂肪、维生素、矿物元素、纤维素五大指标均高于小麦、玉米、水稻、大麦、高粱、糜子。8种氨基酸组分平衡，赖氨酸含量比其他作物高1.5～3.0倍，并含有其他禾谷类作物不具备的皂苷素。燕麦籽实的蛋白质含量是大米的3～4倍、小麦的1～2倍，可溶性纤维素是大米、小麦的10～12倍，是各类家畜特别是马、牛、羊、鹿、兔的良好精料，营养价值超过大麦。燕麦籽粒常用于喂养幼畜、母畜。

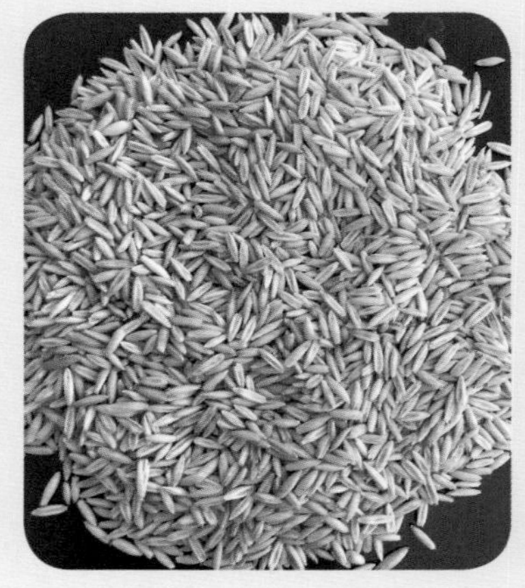

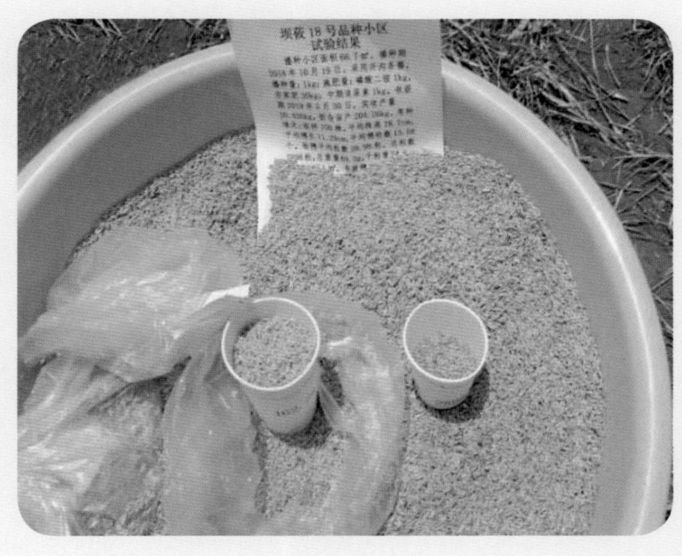

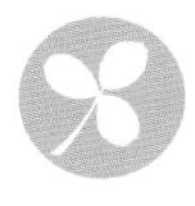

（三）燕麦秸秆与稃壳

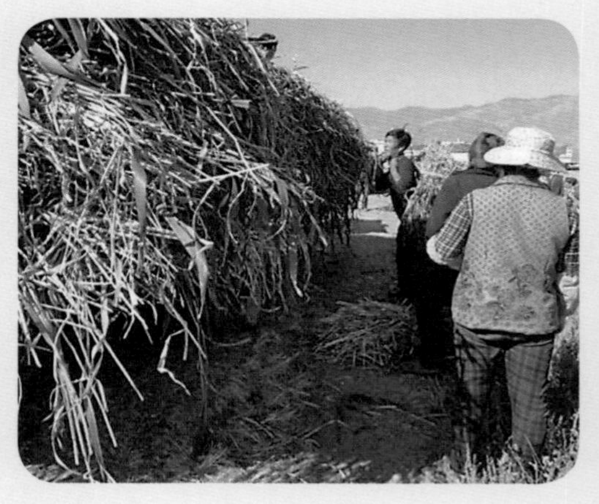

燕麦秸秆也是十分优良的饲料，其营养价值比燕麦青草差，但与其他麦类作物秸秆相比，品质优于其他种类。燕麦秸秆中蛋白质含量为3%左右，而小麦和黑麦则只有2%左右；燕麦壳中蛋白质含量为3.8%，而小麦则为2.3%。

饲草饲料作物中蛋白质含量的高低是衡量饲草质量的重要指标。据相关资料，燕麦营养成分含量如下表。

燕麦的营养成分

样　品	水分（%）	占干物质（%）				
		粗蛋白质	粗脂肪	粗纤维	无氮浸出物	粗灰分
籽粒	10.9	12.9	3.9	14.8	53.9	3.6
鲜草	80.4	2.9	0.9	5.4	8.9	1.5
秸秆	13.5	3.6	1.7	35.7	37.0	8.5

注：引自陈宝书，2001。

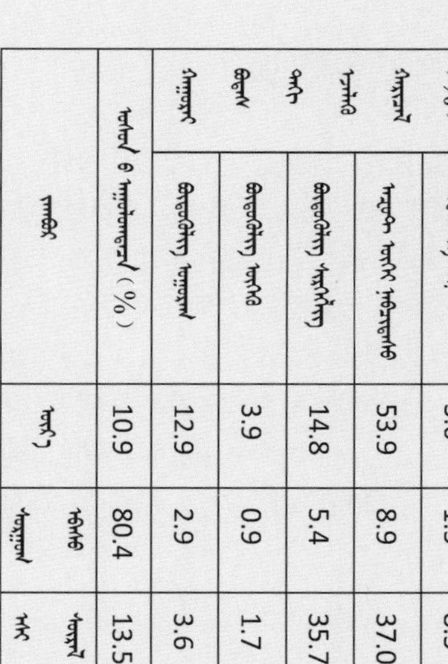

[illegible] 2001 [illegible]

[illegible] (%)	[illegible]	[illegible]	[illegible]
[illegible]	3.6	1.5	8.5
[illegible]	53.9	8.9	37.0
[illegible]	14.8	5.4	35.7
[illegible]	3.9	0.9	1.7
[illegible]	12.9	2.9	3.6
[illegible] (%)	10.9	80.4	13.5

[illegible]

[illegible] 2.3% [illegible]

[illegible] 2% [illegible] 3.8% [illegible] 3% [illegible]

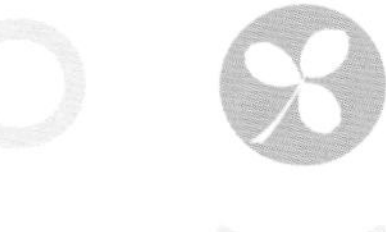

二、重要的贸易产品

据中国海关进口数据统计，2018年中国进口燕麦草29.36万t，同比降4.71%；进口金额总计7 972.62万美元，同比降7.54%；平均到岸价271.51美元/t。12月中国进口燕麦草1.8万t，占当月进口干草总量的17.13%，同比降21.09%，环比降40.17%；进口金额总计540.69万美元，同比降13.77%；平均到岸价299.8美元/t，同比增9.29%，环比增5.71%。燕麦草的进口全部来自澳大利亚，受澳大利亚干旱影响，新季澳大利亚燕麦草供应短缺、价格上涨成定局，预计新季燕麦草到港价格上涨50～80美元/t，随着陈草销售结束，2018年12月单月燕麦草进口量减少明显。2020年1～6月，燕麦草进口17.56万t，同比增加67%；平均到岸价格353美元/t，同比上涨1%。

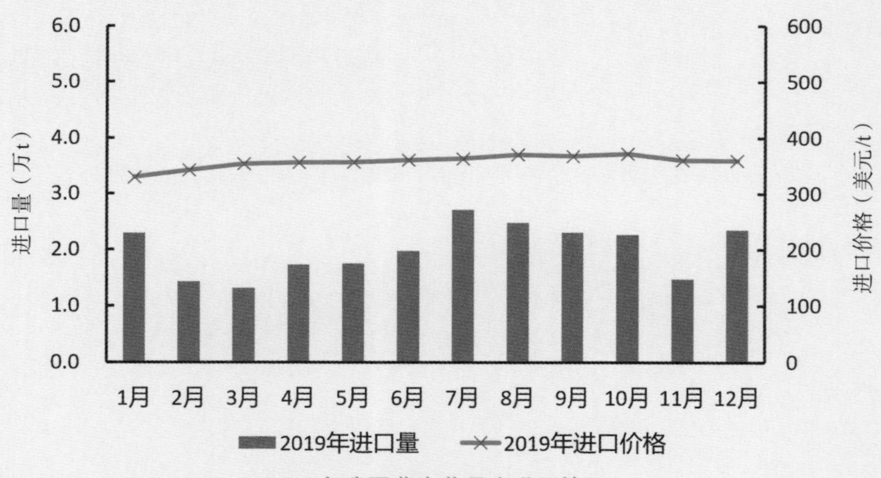

2019年我国燕麦草月度进口情况

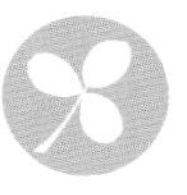

[illegible] 1% [illegible] ᠃

67% [illegible] 353 [illegible]/t [illegible] 17.56 [illegible] t [illegible] ᠃ 2020 [illegible] 1 ~ 6 [illegible] 12 [illegible] ᠂ 2018 [illegible] 50 ~ 80 [illegible]/t [illegible] ᠃ [illegible] 5.71% [illegible] ᠃ [illegible] 299.8 [illegible]/t ᠂ [illegible] 9.29% [illegible] ᠂ [illegible] 13.77% [illegible] ᠃ [illegible] 540.69 [illegible] 21.09% [illegible] 40.17% [illegible] 17.13% [illegible] 1.8 [illegible] t ᠂ [illegible] 271.51 [illegible]/t [illegible] ᠃ 12 [illegible] 7.54% [illegible] 7 972.62 [illegible] t [illegible] 4.71% [illegible] ᠃ [illegible] 2018 [illegible] 29.36

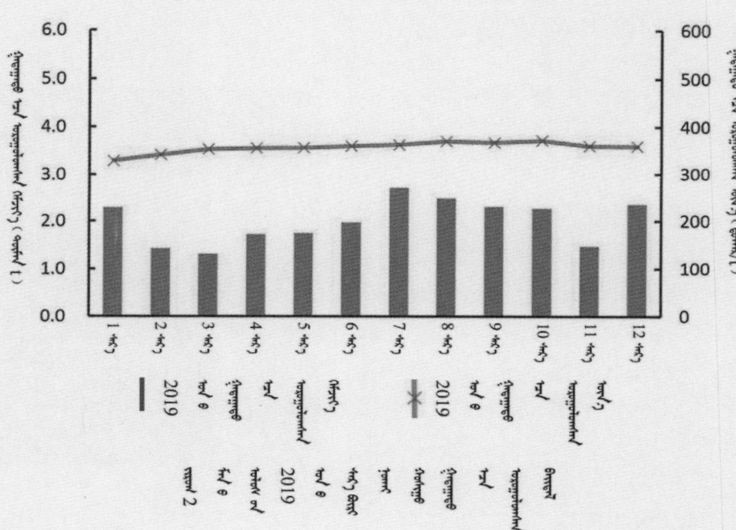

[illegible]

三、重要的生态效益

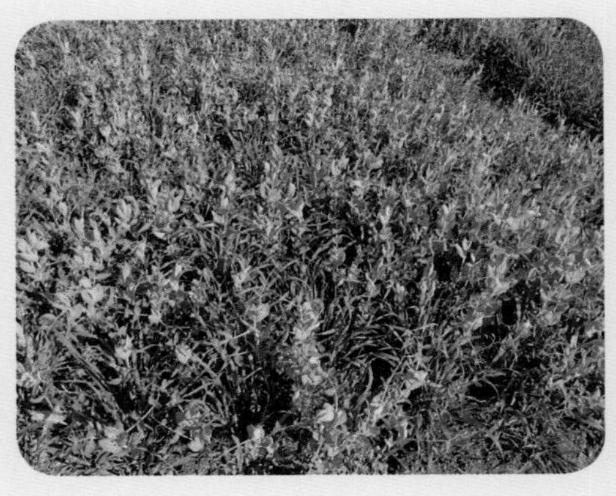

农牧交错区内草地的退化面积已近70%，加强草原保护、恢复草原植被、改善生态环境已迫在眉睫。要解决这一问题，除了开展季节牧业、减轻牲畜对冬春草场的压力外，根本的办法是加强牧草生产，退牧还草，建立人工草地，鼓励农牧民定居。燕麦耐瘠薄、抗旱、抗寒、植株高大、产草量高。燕麦籽实、青干草都是优良的饲料。籽实收获后的黄干草可用来饲喂家畜；在种子不能成熟的地区，可以收获青干草。另外，燕麦和箭筈豌豆、毛苕子混播，不仅产量高，而且提高了饲草品质。燕麦须根发达，分蘖能力强，草层高度可达1.5 ～ 1.7 m，覆盖度大，可有效阻遏水土流失，固定土壤，减少无效蒸发和地表径流，在生态建设和畜牧业生产中发挥越来越重要的作用。

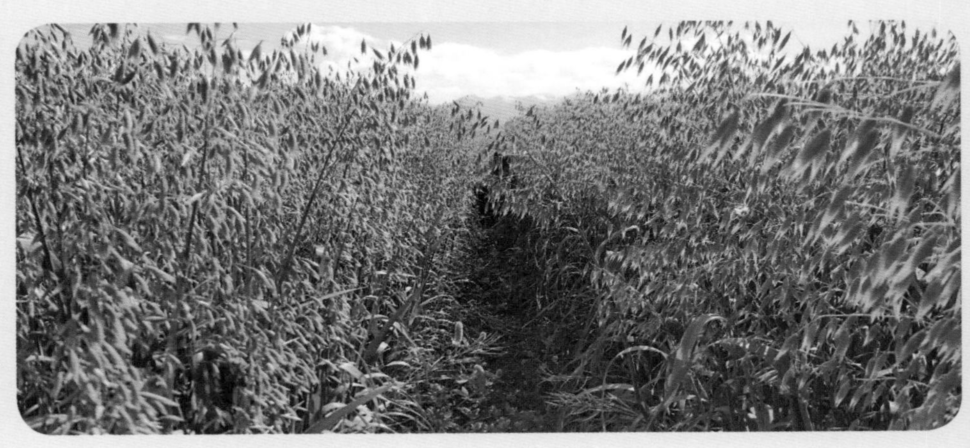

[illegible]

[illegible] 1.5 ~ 1.7 m [illegible] 70% [illegible]

[illegible]

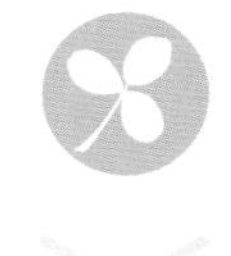

第二章　燕麦种植概况

燕麦在我国的种植经历了不同的发展阶段：中华人民共和国成立初期（1949 ～ 1959年），在我国燕麦主产区的农业科研人员就开始总结燕麦生产经验与栽培技术；20世纪60年代初，我国燕麦种植面积达到历史最高，达120万hm^2；60年代中期到70年代初，处于稳步发展阶段，种植面积稳定在100万hm^2；从1974年到2000年，由于我国玉米、小麦等大宗高产粮食作物种植面积的不断增加，以及马等畜役劳力的减少，燕麦种植面积开始逐渐减少，到80 ～ 90年代种植面积仅剩50万～ 70万hm^2；进入21世纪以来，随着人们对燕麦饲用价值与营养价值认识的逐步深入，燕麦的种植面积逐年升高，2019年燕麦种植面积达120万hm^2。

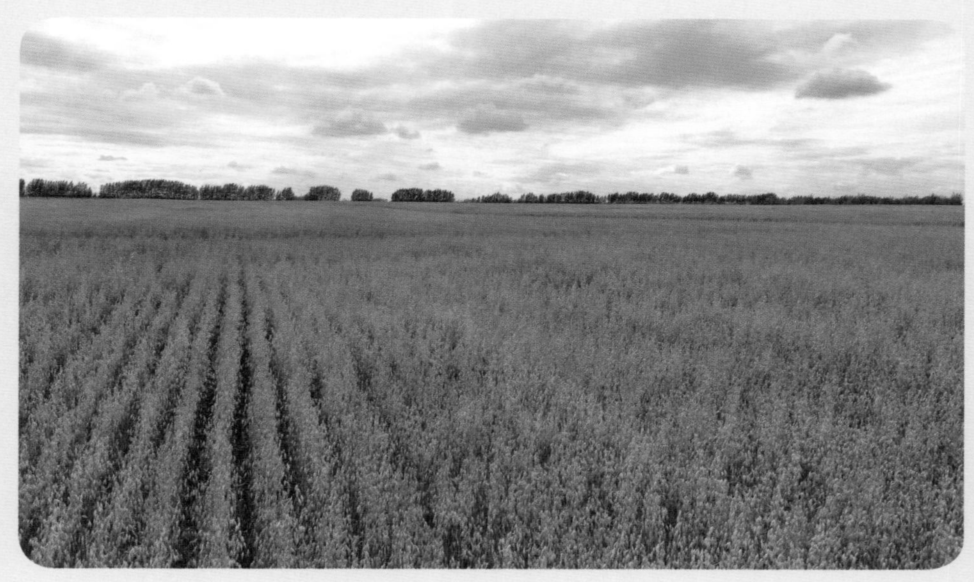

[illegible]

[illegible]

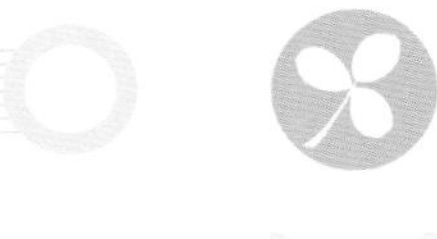

一、燕麦从哪里来

燕麦为粮饲兼用型植物。在栽培中常见的有两种，一种为皮燕麦，即燕麦，俗称饲用燕麦；另一种为裸燕麦，北方俗称莜麦。我国是燕麦的原产地之一，在典籍中早有记载。《尔雅·释草》“蘥，雀麦”晋郭璞注：“即燕麦也”；宋邢昺疏：“蘥，一名雀麦，一名燕麦”，嗣后，许多人都坚持燕麦与雀麦系同一植物的观点。其中，不乏一些很有名的本草学家，如唐苏敬《新修本草》云：“[雀麦]一名蘥，一名燕麦。”北宋唐慎微《证类本草》：“[燕麦]一名蘥，一名燕麦。”北宋寇宗奭《本草衍义》曰：“雀麦，今谓之燕麦。”明李时珍《本草纲目·穀一·雀麦》[集解]引周定王曰：“燕麦穗极细，每穗又分小叉十数个，子亦细小。春去皮，作面蒸食，及作饼食，皆可救荒。”

此外，《救荒本草》和《农政全书》等古籍中，对燕麦都有记述。此外，燕麦亦受到历朝历代诗人的青睐，两汉乐府《古歌》曰：“田中菟丝，何尝可络。道边燕麦，何尝可获。”唐李白《春日独坐·寄郑明府》：“燕麦青青游子悲，河堤弱柳郁金枝。”宋陆游《戏咏园中春草》：“不知马兰入晨俎，何似燕麦摇春风？”元迺贤《南城咏古·妆台》：“废苑鸎花尽，荒臺燕麦生。”明释函《七虞》：“菟葵燕麦凋零尽，回首寒山树一株。”清方文《宿姜开先衍园》诗：“瑶草琼花何处觅？兔葵燕麦不胜情。”这些说明，燕麦确实是我国古老的栽培作物。

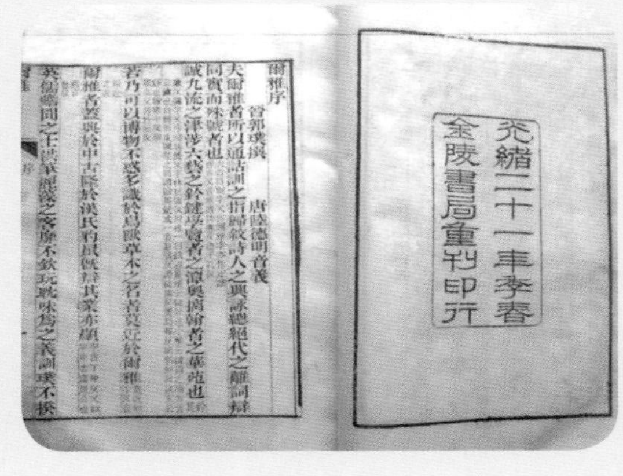

光緒二十一年季春
金陵書局重刊印行

爾雅序　晉郭璞撰　唐陸德明音義
夫爾雅者所以通詁訓之指歸敘詩人之興詠總絕代之離詞辯
同實而殊號者也
誠九流之津涉六藝之鈐鍵學覽者之潭奧摛翰者之華苑也
若乃可以博物不惑多識於鳥獸草木之名者莫近於爾雅
爾雅者蓋興於中古隆於漢氏豹鼠既辨其業亦顯
英儒贍聞之士洪筆麗藻之客靡不欽玩耽味為之義訓璞不揆

二、燕麦长什么样

燕麦禾本科燕麦属一年生草本植物。须根系，根系发达。茎直立光滑。叶片宽而平展，无叶耳，叶舌大，顶端具稀疏叶齿。圆锥花序。穗轴直立或下垂，每穗具5～6节。小穗着生于分支的顶端，每小穗含1～2朵花。小穗近于无毛或稀生短毛，不易断落。外颖具短芒或无芒。内外稃紧紧包被着籽粒，不易分离。颖果纺锤形。

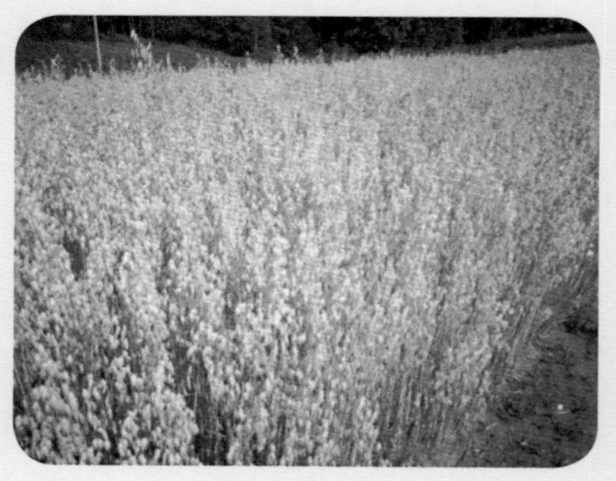

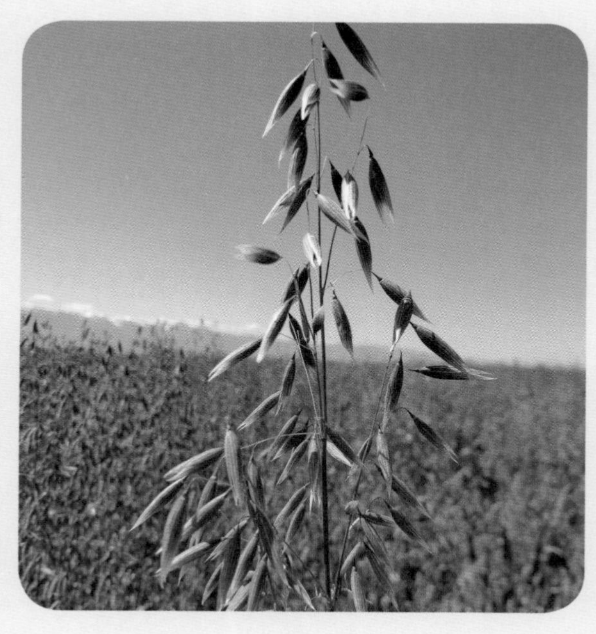

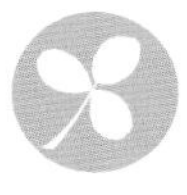

[illegible]

[illegible] 1 ~ 2 [illegible] 5 ~ 6 [illegible]

（一）根

燕麦属须根系植物。其根分为初生根和次生根。种子萌发后，即出现3～5条初生根，初生根外面着生许多纤细的根毛，其寿命可维持2个月左右，主要作用是吸收土壤中的水分和养分，供应幼苗生长发育。

燕麦种子萌发时，胚根首先露出，白色、有光泽，随后被迅速生长的初生根穿破，然后有一对侧根生出，不久再生出另一对侧根。胚芽鞘在初生根生出后不久露出。胚芽鞘露出的迟早与播种深浅有关。

次生根着生于地下分蘖节上，比初生根粗壮，根毛密集。一般1个分蘖可长出2～3条次生根。次生根一般密集分布于地表下10～30 cm的耕作层中。次生根上着生许多须根，连同次生根形成强大的根系。根系发达的品种抗旱、抗倒伏能力强。

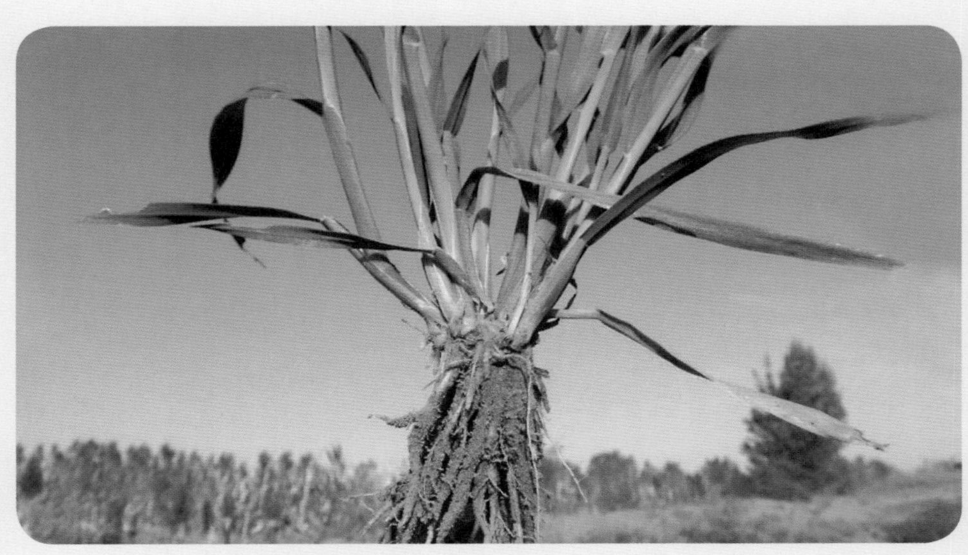

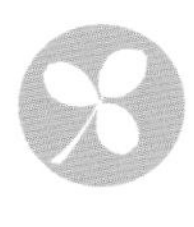

ᠬᠠᠳᠤᠯᠭ᠎ᠠ ᠬᠢᠬᠦ᠂ ᠰᠢᠷᠭᠢᠬᠦ ᠬᠠᠳᠠᠭᠠᠯᠠᠬᠤ ᠳᠤ ᠲᠣᠬᠢᠷᠠᠮᠵᠢᠲᠠᠢ ᠪᠣᠯᠤᠨ᠎ᠠ ::

ᠬᠠᠳᠤᠯᠭ᠎ᠠ ᠶᠢᠨ ᠦᠯᠡᠳᠡᠴᠡ ᠤᠨᠳᠤᠷ ᠢ ᠳᠠᠭᠠᠵᠤ ᠬᠠᠳᠤᠯᠭ᠎ᠠ ᠬᠢᠬᠦ ᠬᠡᠷᠡᠭᠲᠡᠢ :: ᠡᠨᠡ ᠬᠠᠳᠤᠯᠭ᠎ᠠ ᠶᠢᠨ ᠦᠯᠡᠳᠡᠴᠡ ᠶᠢᠨ ᠤᠨᠳᠤᠷ ᠢ ᠶᠡᠷᠦᠳᠡ 10 ~ 30 cm ᠪᠠᠷ ᠲᠣᠭᠲᠠᠭᠠᠬᠤ ᠨᠢ ᠲᠣᠬᠢᠷᠠᠮᠵᠢᠲᠠᠢ ᠪᠣᠯᠤᠨ᠎ᠠ :: ᠬᠣᠶᠠᠳᠤᠭᠠᠷ ᠬᠠᠳᠤᠯᠭ᠎ᠠ ᠶᠢ ᠡᠬᠢᠨ ᠦ ᠬᠠᠳᠤᠯᠭ᠎ᠠ ᠶᠢᠨ ᠳᠠᠷᠠᠭ᠎ᠠ 2 ~ 3 ᠳᠣᠯᠤᠭ᠎ᠠ ᠬᠣᠨᠤᠭ ᠤᠨ ᠳᠠᠷᠠᠭ᠎ᠠ ᠬᠢᠨ᠎ᠡ :: ᠬᠣᠶᠠᠳᠤᠭᠠᠷ ᠬᠠᠳᠤᠯᠭ᠎ᠠ ᠶᠢ ᠡᠬᠢᠯᠡᠬᠦ ᠳᠦ ᠤᠷᠭᠤᠮᠠᠯ ᠤᠨ ᠤᠨᠳᠤᠷ ᠨᠢ ᠪᠠᠰᠠ ᠲᠣᠬᠢᠷᠠᠮᠵᠢᠲᠠᠢ ᠪᠠᠢᠬᠤ ᠬᠡᠷᠡᠭᠲᠡᠢ :: ᠬᠠᠳᠤᠯᠭ᠎ᠠ ᠶᠢᠨ ᠬᠤᠭᠤᠴᠠᠭ᠎ᠠ ᠪᠣᠯᠪᠠᠰᠤ ᠦᠪᠡᠰᠦ ᠶᠢᠨ ᠦᠨᠳᠦᠷ ᠨᠢ ᠳᠠᠷᠠᠭᠠᠴᠢ ᠤᠷᠭᠤᠮᠠᠯ ᠤᠨ ᠦᠰᠦᠯᠲᠡ ᠳᠦ ᠨᠥᠯᠥᠭᠡᠯᠡᠬᠦ ᠪᠣᠯᠤᠨ᠎ᠠ ::

ᠬᠠᠳᠤᠯᠭ᠎ᠠ ᠶᠢᠨ ᠬᠤᠭᠤᠴᠠᠭ᠎ᠠ ᠪᠡᠷ ᠬᠠᠳᠤᠯᠠᠬᠤ᠂ ᠡᠭᠦᠨ ᠦ ᠳᠠᠷᠠᠭ᠎ᠠ ᠤᠷᠭᠤᠮᠠᠯ ᠤᠨ ᠦᠨᠳᠦᠷ ᠪᠣᠯᠪᠠᠰᠤ ᠨᠢ ᠬᠣᠶᠠᠳᠤᠭᠠᠷ ᠬᠠᠳᠤᠯᠭ᠎ᠠ ᠶᠢᠨ ᠦᠷᠡᠵᠢᠯ ᠳᠦ ᠨᠥᠯᠥᠭᠡᠯᠡᠨ᠎ᠡ :: ᠡᠭᠦᠨ ᠦ ᠬᠠᠳᠤᠯᠭ᠎ᠠ ᠶᠢᠨ ᠬᠤᠭᠤᠴᠠᠭ᠎ᠠ ᠪᠣᠯ ᠤᠷᠭᠤᠮᠠᠯ ᠤᠨ ᠦᠰᠦᠯᠲᠡ ᠶᠢᠨ ᠪᠠᠢᠳᠠᠯ ᠢ ᠬᠠᠷᠠᠭᠠᠯᠵᠠᠨ ᠲᠣᠭᠲᠠᠭᠠᠭᠳᠠᠨ᠎ᠠ ::

ᠬᠠᠳᠤᠯᠭ᠎ᠠ ᠶᠢ ᠰᠢᠨᠵᠢᠯᠡᠬᠦ ᠶᠢᠨ ᠲᠥᠯᠥᠭᠡ ᠬᠠᠮᠢᠶᠠᠷᠤᠯᠲᠠ ᠲᠠᠢ ᠬᠣᠯᠪᠣᠭᠳᠠᠨ᠎ᠠ ::

3 ~ 5 ᠳᠤᠭᠠᠷ ᠬᠠᠳᠤᠯᠭ᠎ᠠ ᠶᠢᠨ ᠬᠤᠭᠤᠴᠠᠭ᠎ᠠ᠂ ᠬᠠᠳᠤᠯᠭ᠎ᠠ ᠶᠢᠨ ᠬᠣᠶᠠᠷ ᠳᠠᠬᠢ ᠬᠣᠨᠤᠭ ᠤᠨ ᠤᠷᠢᠳᠠ ᠬᠠᠳᠤᠯᠠᠬᠤ ᠬᠡᠷᠡᠭᠲᠡᠢ᠂ 2 ᠳᠤᠭᠠᠷ ᠬᠠᠳᠤᠯᠭ᠎ᠠ ᠶᠢ ᠡᠬᠢᠨ ᠦ ᠬᠠᠳᠤᠯᠭ᠎ᠠ ᠶᠢᠨ ᠳᠠᠷᠠᠭ᠎ᠠ ᠬᠢᠨ᠎ᠡ :: ᠬᠠᠳᠤᠯᠭ᠎ᠠ ᠶᠢᠨ ᠳᠠᠷᠠᠭ᠎ᠠ ᠤᠰᠤᠯᠠᠯᠲᠠ᠂ ᠪᠣᠷᠣᠬᠢ ᠶᠢ ᠬᠠᠮᠢᠶᠠᠷᠴᠤ ᠦᠰᠦᠯᠲᠡ ᠶᠢ ᠰᠡᠷᠭᠦᠭᠡᠨ᠎ᠡ ::

(ᠬᠣᠶᠠᠷ) ᠬᠠᠳᠠᠭᠠᠯᠠᠯᠲᠠ

（二）茎叶

燕麦的茎中空而圆，光滑无毛。茎秆的节数和节间长度以及茎秆的粗细，随品种和外界条件变化而发生变化。株高一般60 ～ 180 cm。茎节数目一般5 ～ 6节，节数多的品种有7 ～ 8节，甚至更多。节数的多少与品种的生育期有关，生育期短的品种节数少，生育期长的品种节数多；节数还与光周期有关，即长日照条件下节数少，短日照条件下节数多。每一个茎的节数长短不同，基部的茎节短，依次向上一节长于一节，穗下茎最长。茎节的长短与品种有关，也与栽培条件有关，晚熟、高秆的品种茎节较长，早熟、矮秆品种茎节短；在水肥充足、光照时间短、通风透光差的情况下，茎节长；反之则短。燕麦茎秆直径一般为5 ～ 7 mm，秆壁厚0.2 ～ 0.4 mm；髓腔较大，为2 ～ 4 mm。茎秆的质量与抗倒伏能力有关，一般茎节壁厚、纤维化程度高、有韧性的品种，植株不易折断、抗倒伏能力强；反之则抗倒伏能力差。

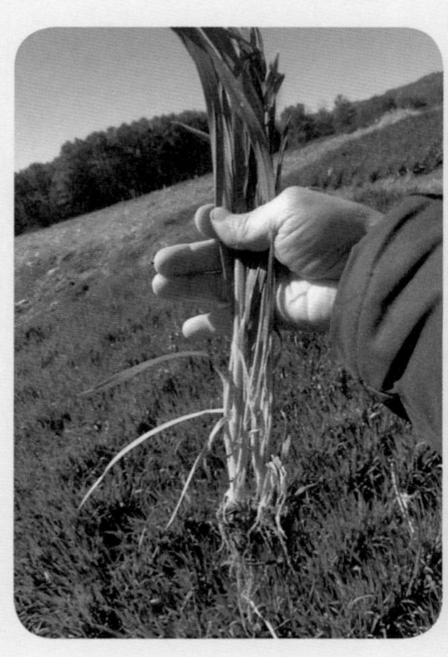

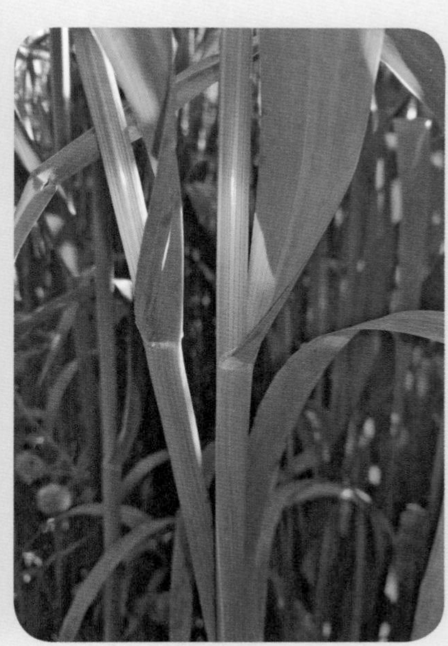

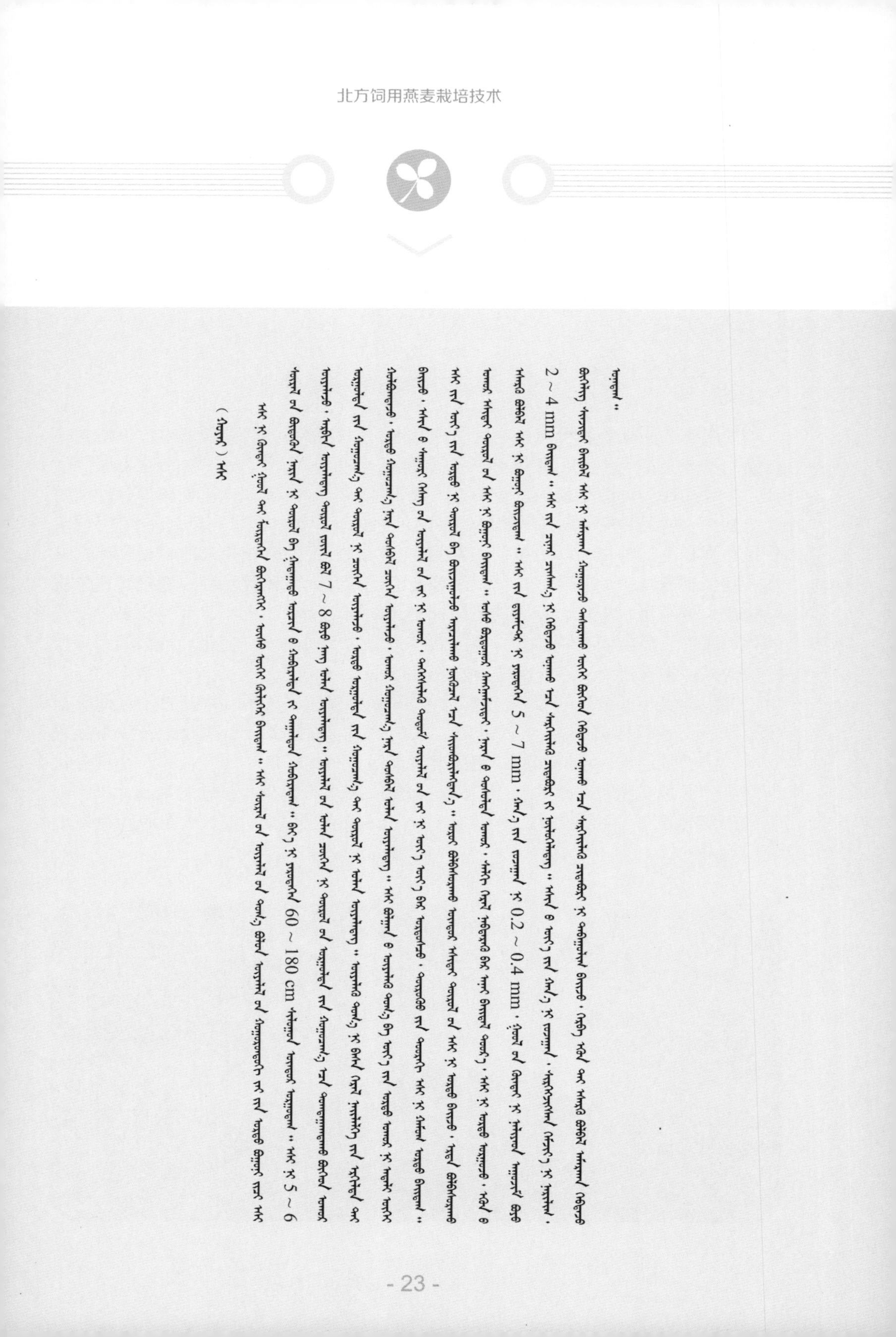

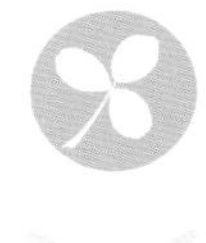

（三）穗

饲用燕麦的穗为圆锥花序或复总状花序，由穗轴和各级穗枝梗组成。根据穗枝梗与穗轴的着生状态，分为周散型和侧散型两种穗型。大多数品种为周散型穗，少数品种为侧散型穗。燕麦的穗一般在穗基部分枝多，越往上越少，分枝交互排列。一般品种有4 ～ 7个轮层，多的可达9个。每个轮层上着生许多穗分枝，着生在穗轴上的分枝为一级枝梗，着生在一级枝梗上的分枝为二级枝梗，依次类推。穗枝梗有角棱，刺状、粗糙、坚韧无毛，常弯曲。多数品种的穗轴与穗分枝呈锐角，少数呈水平状，有的甚至呈钝角。轮层之间距离大小、分枝数多少、长短，除取决于品种固有特性外，也因栽培条件的不同而发生变化。穗节间短、枝梗短的品种为紧穗型品种，反之为松散型品种。

饲用燕麦小穗数目的多少，随品种及幼穗分化阶段外界环境条件不同而有很大差别，一般每穗有15 ～ 40个小穗，有时达到100多个。小穗数的多少与品种有关，也因栽培条件不同而异。水肥条件充足、种植密度小、在枝梗与小穗分化期间温度低且光照时间短的，形成的小穗多；反之小穗少。就轮层来说，以第一轮的小穗数最多，约占70%；第二轮约占20%；第三轮约占5%；第四轮及以上轮层约占5%。

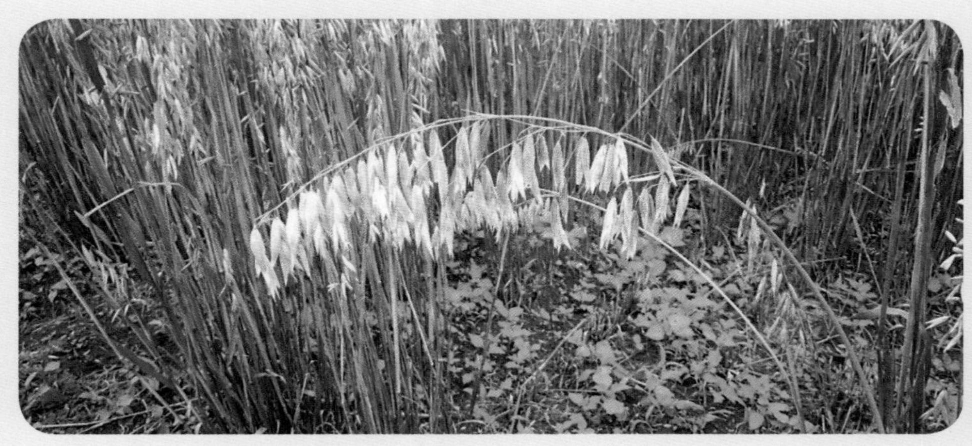

（四）叶

燕麦的叶为披针形，由叶鞘、叶舌、叶关节和叶片组成。叶片扁平质软，叶面有茸毛和气孔。叶鞘包围茎秆较松弛，于基部闭合，一般外部有毛。叶片颜色因品种不同自深绿到淡绿。一般品种叶数为5～8片，个别品种可达9～10片。叶片数的多少与光周期和品种的生育期有关。光照时间长，则叶片数少；光照时间短，则叶片数多。生育期短的品种叶片数少，生育期长的品种叶片数多。叶片着生于茎节上，一节一叶。叶分为初生叶、中生叶和旗叶。叶片长度一般为8～30 cm，最长可达50 cm。初生叶短，中生叶长，旗叶短，旗下一叶最长，整株叶片分布呈纺锤形。叶宽一般为13～30 mm。叶的宽窄、长短、色泽和蜡质层的厚薄，虽属品种的遗传性状，但也与栽培条件密切相关。水肥条件好的叶片大；水肥条件差的叶片小。燕麦的叶舌发达，膜质、白色，长约3 mm，顶端边缘呈锯齿状。燕麦无叶耳，故在苗期可作为与其他麦类作物区别的重要依据。燕麦叶面积系数较大，容易造成田间郁蔽，通风透光差。茎叶软，易因发生倒伏而减产。

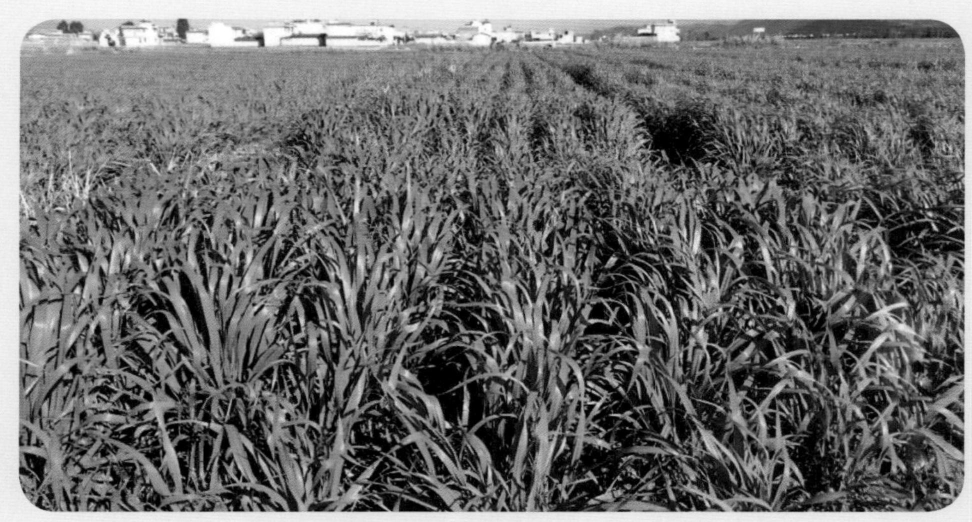

([illegible]) [illegible]

[illegible] 5 ~ 8 [illegible] 9 ~ 10 [illegible] 8 ~ 30 cm [illegible] 50 cm [illegible] 13 ~ 30 mm [illegible] 3 mm [illegible] ::

（五）果实

饲用燕麦的果实为颖果，纺锤形，宽大，具簇毛，有纵沟，谷壳占籽粒质量的20%～30%。果实由果皮、胚和胚乳组成，被内外稃紧紧包被着，不易分离。籽粒颜色有黑色、紫色、褐色、灰色、白色、黄色等多种，千粒重一般为25～40 g，最高的可达48 g。饲用燕麦脱壳后种子与裸燕麦种子无明显差异，颜色有白、浅黄、土黄等。

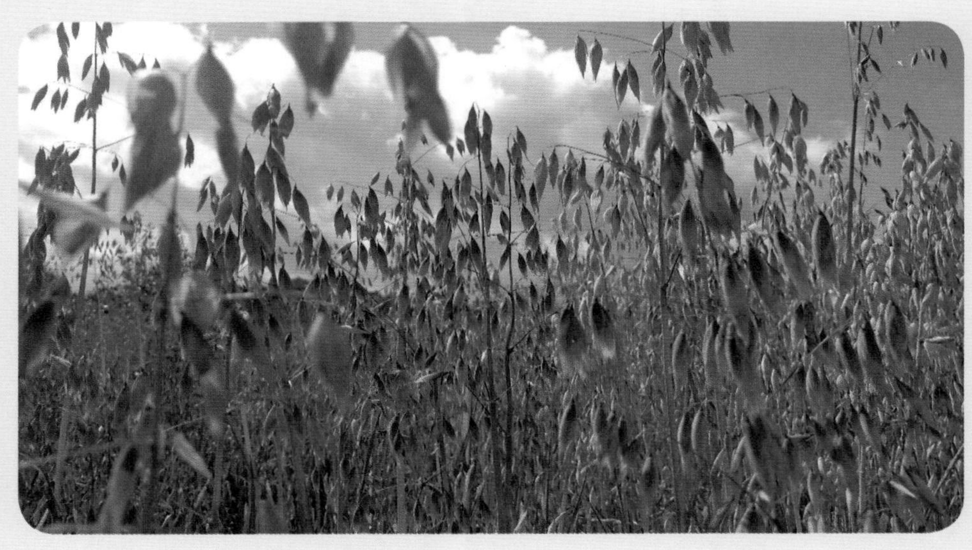

(ᠬᠣᠶᠠᠷ) ᠲᠠᠷᠢᠬᠤ ᠬᠡᠮᠵᠢᠶ᠎ᠡ

ᠤᠷᠤᠯᠤᠯ ᠤᠨ ᠦᠷ᠎ᠡ ᠶᠢᠨ ᠬᠡᠯᠪᠡᠷᠢ ᠨᠢ ᠤᠷᠳᠤᠪᠳᠤᠷ ᠪᠥᠭᠡᠳ ᠂ ᠴᠠᠭᠠᠨ ᠂ ᠰᠢᠷ᠎ᠠ ᠂ ᠬᠦᠷᠡᠩ ᠂ ᠬᠠᠷ᠎ᠠ ᠵᠡᠷᠭᠡ ᠦᠩᠭᠡ ᠲᠡᠢ ᠪᠠᠶᠢᠳᠠᠭ ᠃ ᠮᠢᠩᠭᠠᠨ ᠦᠷ᠎ᠡ ᠶᠢᠨ ᠵᠢᠩ ᠨᠢ 20 ~ 40 g ᠪᠣᠯᠳᠠᠭ ᠂ ᠬᠠᠮᠤᠭ ᠶᠡᠬᠡ ᠳᠠᠭᠠᠨ ᠨᠢ 48 g ᠬᠦᠷᠳᠡᠭ ᠃ ᠬᠠᠯᠢᠰᠤ ᠲᠠᠢ ᠤᠷᠤᠯᠤᠯ ᠤᠨ ᠦᠷ᠎ᠡ ᠶᠢᠨ ᠬᠠᠯᠢᠰᠤ ᠶᠢᠨ ᠡᠵᠡᠯᠡᠬᠦ ᠬᠤᠪᠢ ᠨᠢ 20% ~ 30% ᠪᠣᠯᠳᠠᠭ ᠃ ᠦᠷ᠎ᠡ ᠶᠢᠨ ᠴᠢᠨᠠᠷ ᠢ ᠰᠠᠢᠵᠢᠷᠠᠭᠤᠯᠬᠤ ᠶᠢᠨ ᠲᠥᠯᠦᠭᠡ ᠂ ᠲᠠᠷᠢᠬᠤ ᠡᠴᠡ ᠡᠮᠦᠨ᠎ᠡ ᠦᠷ᠎ᠡ ᠢ ᠰᠣᠩᠭᠤᠨ ᠠᠷᠢᠭᠤᠯᠵᠤ ᠂ ᠲᠡᠭᠰᠢ ᠪᠢᠰᠢ ᠂ ᠡᠪᠳᠡᠷᠡᠭᠰᠡᠨ ᠦᠷ᠎ᠡ ᠢ ᠬᠠᠰᠤᠵᠤ ᠂ ᠪᠦᠷᠢᠨ ᠲᠡᠭᠦᠯᠳᠦᠷ ᠦᠷ᠎ᠡ ᠶᠢ ᠰᠣᠩᠭᠣᠬᠤ ᠬᠡᠷᠡᠭᠲᠡᠢ ᠪᠠᠶᠢᠨ᠎ᠠ ::

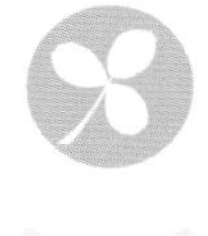

三、我国燕麦种植现状

燕麦适宜在气候凉爽、降水充足的地区生长。生长季炎热、干燥等对其生长发育不利，故南方地区种植燕麦时要合理避开高温期。我国燕麦生态类型主要是以生态区划分的，大致分为2个主区和4个亚区，其中北方春夏播燕麦区，包括华北早熟燕麦亚区和北方中晚熟燕麦亚区。不同生态亚区都有与之相适应的品种类型，差异显著。

燕麦在中国种植历史悠久，遍及各山区、高原和北部高寒冷凉地带。在黑龙江、吉林、辽宁、内蒙古、河北、河南、山西、甘肃、陕西、云南、四川、宁夏、贵州、青海、新疆等地种植。

2016年全国燕麦生产情况

地　区	总产（t）	地　区	总产（t）
天　津	4 920	重　庆	3 920
河　北	950	四　川	118 730
山　西	3 300	云　南	34 060
内蒙古	414 302	西　藏	89 222
辽　宁	6 000	陕　西	819
安　徽	22 400	甘　肃	625 622
山　东	1 760	青　海	1 148 512
河　南	10 075	宁　夏	130 250
湖　北	2 142	新　疆	20 402
湖　南	13 153	新疆生产建设兵团	800
总　计	2 651 339		

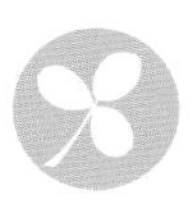

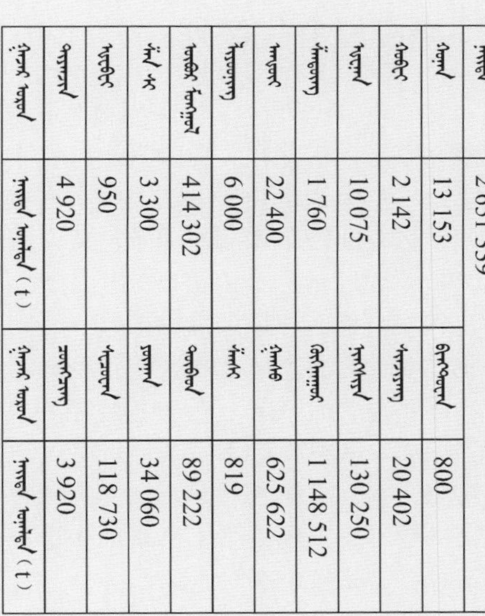

[illegible]	[illegible] (t)	[illegible]	[illegible] (t)
[illegible]	4 920	[illegible]	3 920
[illegible]	950	[illegible]	118 730
[illegible]	3 300	[illegible]	34 060
[illegible]	414 302	[illegible]	89 222
[illegible]	6 000	[illegible]	819
[illegible]	22 400	[illegible]	625 622
[illegible]	1 760	[illegible]	1 148 512
[illegible]	10 075	[illegible]	130 250
[illegible]	2 142	[illegible]	20 402
[illegible]	13 153	[illegible]	800
[illegible]	2 651 339		

2016 [illegible]

[illegible]

[illegible]

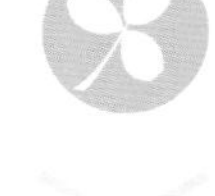

四、燕麦适宜性区划

北方燕麦产业区：该区主要包括东北区、内蒙古区、西北区、黄土高原区、青藏高原区、华北区。内蒙古土默特平原、山西省大同盆地和忻定盆地、河北省张家口平川区为华北早熟燕麦区主产区；新疆中西部，甘肃贺兰山、六盘山南麓定西、临夏地区，青海省湟水、黄河流域山区，陕西省秦岭北麓，榆林、延安地区，宁夏固原地区，内蒙古阴山南北，山西省晋北高原及太行山、吕梁山地区，河北省坝上地区和坝下高寒山区，北京市燕山山区，黑龙江大、小兴安岭南麓等为北方中晚熟燕麦区（杨克理，2000）。

燕麦种子生产区：燕麦若按经济用途来分，可分为产籽型、草籽兼用型、产草型三类，故燕麦种子生产应选择合适的燕麦类型。燕麦种子繁殖基地水热条件应较好，在一些高海拔地区，虽然某些燕麦品种能够完成生育期，但植株较低，籽实产量不高，则种子生产基地应选择他处，如青藏高原地区燕麦种子生产基地可选择在青海省东部农业区。

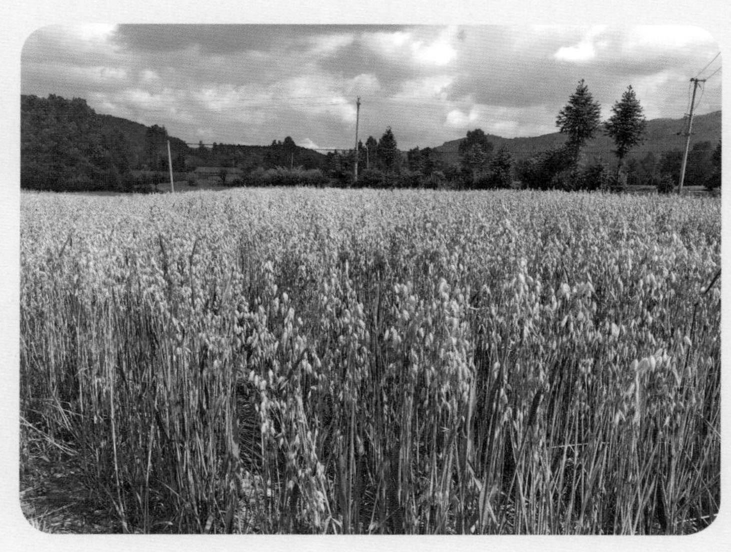

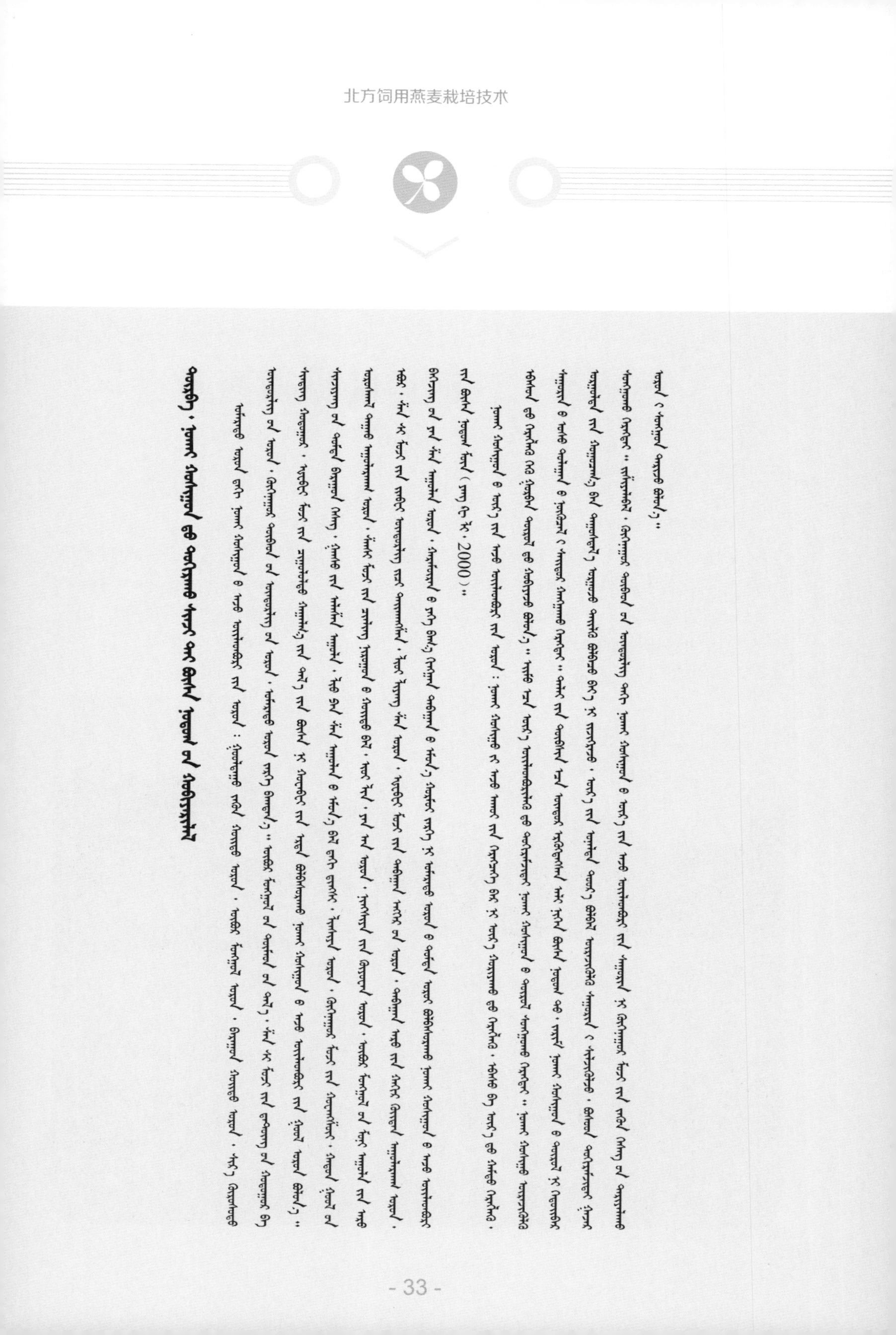

[illegible]

第三章　在哪里能种植燕麦

一、适宜种植燕麦的区域

燕麦最适宜生长在气候凉爽、雨量相对充沛的地区。对温度的要求较低，生长期炎热干燥对其生长发育不利。燕麦不耐热，对高温特别敏感，夏季温度不太高的地区最适于种燕麦。燕麦是相对需水多的作物，发芽时需要较多的水分。燕麦对土壤的选择不严，可以栽种在各种土地上，如黏土、壤土、沼泽土等，以富于腐殖质的黏壤土和沙壤土最为适宜，燕麦也可在盐碱地种植。

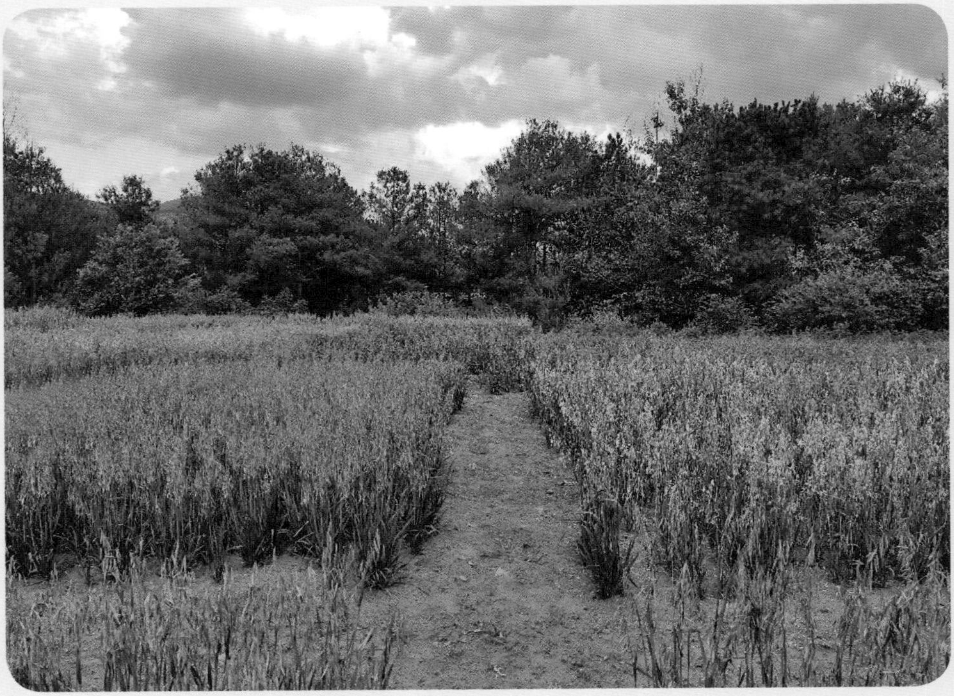

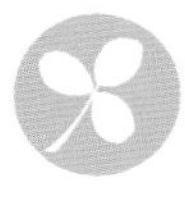

ᠭᠤᠷᠪᠠᠳᠤᠭᠠᠷ ᠪᠦᠯᠦᠭ ᠲᠠᠷᠢᠯᠭ᠎ᠠ ᠶᠢᠨ ᠡᠮᠦᠨᠡᠬᠢ ᠪᠡᠯᠡᠳᠬᠡᠯ ᠪᠠ ᠲᠠᠷᠢᠯᠭ᠎ᠠ

ᠨᠢᠭᠡ᠂ ᠲᠠᠷᠢᠯᠭ᠎ᠠ ᠶᠢᠨ ᠡᠮᠦᠨᠡᠬᠢ ᠪᠡᠯᠡᠳᠬᠡᠯ ᠦᠨ ᠠᠵᠢᠯ

[illegible]

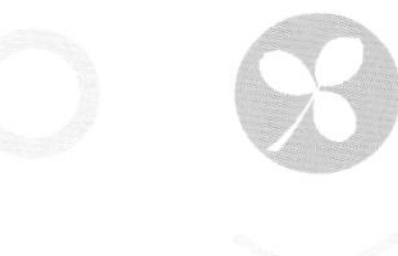

北方一般春播的生长期为75～125天，而秋播可长达250天以上。华北和内蒙古地区，燕麦多为春播，生长期为90～115天。春播燕麦早熟品种生育期为75～90天，其植株较矮，籽粒饱满，适于作精饲料栽培；晚熟品种的生育期为105～125天，其茎叶高大繁茂，主要用作青饲和调制干草；中熟的品种生育期为90～105天，株丛高度介于早熟和晚熟品种之间，属兼用型燕麦。

青刈燕麦叶量多、叶片宽大、柔嫩多汁、适口性好、消化率高，是极好的青饲料。青刈燕麦可鲜喂，也可以青贮和调制优质青干草。根据报道，利用燕麦地放牧，肉牛平均日增重为0.55 kg；利用燕麦和毛苕子混播地放牧，平均日增重为0.82 kg。

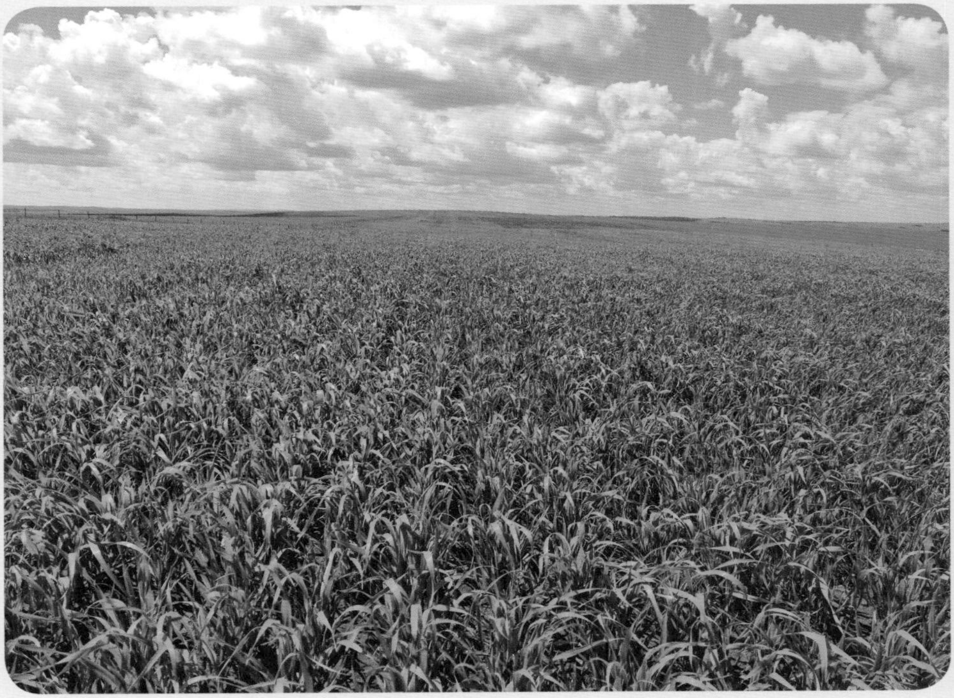

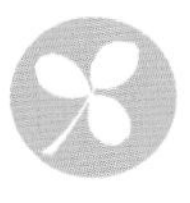

ᠬᠠᠳᠠᠭᠠᠯᠠᠭᠰᠠᠨ ᠰᠢᠯᠦᠭᠰᠦ ᠨᠣᠭᠣᠭᠠᠨ ᠲᠡᠵᠢᠭᠡᠯ ᠢ ᠣᠷᠣᠯᠠᠭᠤᠯᠪᠠᠯ ᠦᠨᠢᠶᠡᠨ ᠦ ᠡᠳᠦᠷ ᠦᠨ ᠰᠦᠨ ᠦ ᠭᠠᠷᠤᠯᠲᠠ 0.82 kg ᠨᠡᠮᠡᠭᠳᠡᠨᠡ ::
ᠪᠠᠢᠴᠠᠭᠠᠯᠲᠠ ᠳᠤ ᠦᠬᠡᠷ ᠲᠦ ᠬᠤᠯᠠᠰᠤᠨ ᠡᠪᠡᠰᠦ ᠡᠳᠡᠭᠡᠯᠡᠭᠦᠯᠪᠡᠯ ᠦᠨᠢᠶᠡᠨ ᠦ ᠡᠳᠦᠷ ᠦᠨ ᠰᠦᠨ ᠦ ᠭᠠᠷᠤᠯᠲᠠ 0.55 kg ᠨᠡᠮᠡᠭᠳᠡᠵᠦ ᠂ ᠮᠠᠯ ᠤᠨ ᠡᠷᠡᠭᠦᠯ ᠮᠡᠨᠳᠦ ᠳᠤ ᠰᠠᠢᠨ ᠨᠦᠯᠦᠭᠡ ᠦᠵᠡᠭᠦᠯᠳᠡᠭ ::

ᠤᠷᠭᠤᠯᠲᠠ ᠶᠢᠨ ᠬᠤᠭᠤᠴᠠᠭ᠎ᠠ ᠪᠣᠯ ᠮᠠᠯ ᠤᠨ ᠲᠡᠵᠢᠭᠡᠯ ᠦᠨ ᠬᠤᠯᠠᠰᠤᠨ ᠤ ᠰᠣᠢᠯᠲᠠ ᠶᠢᠨ ᠬᠡᠯᠪᠡᠷᠢ ᠂ ᠨᠢᠭᠤᠯᠳᠠᠭ᠎ᠠ ᠶᠢᠨ ᠴᠢᠨᠠᠷ ᠂ ᠭᠠᠷᠤᠯᠲᠠ ᠶᠢᠨ ᠬᠡᠮᠵᠢᠶ᠎ᠡ ᠂ ᠴᠢᠨᠠᠷ ᠤᠨ ᠬᠡᠮᠵᠢᠶ᠎ᠡ ᠵᠡᠷᠭᠡ ᠳᠦ ᠰᠢᠭᠤᠳ ᠨᠥᠯᠥᠭᠡᠯᠡᠳᠡᠭ ᠴᠢᠬᠤᠯᠠ ᠬᠦᠴᠦᠨ ᠵᠦᠢᠯ ᠦᠨ ᠨᠢᠭᠡ ᠮᠥᠨ ::
ᠡᠷᠲᠡ ᠪᠣᠯᠪᠠᠰᠤᠷᠠᠬᠤ ᠬᠤᠯᠠᠰᠤ ᠶᠢᠨ ᠤᠷᠭᠤᠯᠲᠠ ᠶᠢᠨ ᠬᠤᠭᠤᠴᠠᠭ᠎ᠠ 90 ~ 105 ᠬᠣᠨᠣᠭ ᠂ ᠳᠤᠮᠳᠠ ᠪᠣᠯᠪᠠᠰᠤᠷᠠᠬᠤ ᠬᠤᠯᠠᠰᠤ ᠶᠢᠨ ᠤᠷᠭᠤᠯᠲᠠ ᠶᠢᠨ ᠬᠤᠭᠤᠴᠠᠭ᠎ᠠ 105 ~ 125 ᠬᠣᠨᠣᠭ ᠂ ᠣᠷᠣᠢ ᠪᠣᠯᠪᠠᠰᠤᠷᠠᠬᠤ ᠬᠤᠯᠠᠰᠤ ᠶᠢᠨ ᠤᠷᠭᠤᠯᠲᠠ ᠶᠢᠨ ᠬᠤᠭᠤᠴᠠᠭ᠎ᠠ 75 ~ 90 ᠬᠣᠨᠣᠭ ᠂ ᠳᠡᠭᠡᠷ᠎ᠡ ᠨᠢ ᠡᠷᠲᠡ ᠪᠣᠯᠪᠠᠰᠤᠷᠠᠬᠤ ᠬᠤᠯᠠᠰᠤ ᠶᠢᠨ ᠤᠷᠭᠤᠯᠲᠠ ᠶᠢᠨ ᠬᠤᠭᠤᠴᠠᠭ᠎ᠠ 90 ~ 115 ᠬᠣᠨᠣᠭ ᠪᠣᠯᠤᠨ᠎ᠠ :: ᠮᠠᠯ ᠤᠨ ᠲᠡᠵᠢᠭᠡᠯ ᠦᠨ ᠬᠤᠯᠠᠰᠤ ᠶᠢᠨ ᠤᠷᠭᠤᠯᠲᠠ ᠶᠢᠨ ᠬᠤᠭᠤᠴᠠᠭ᠎ᠠ 75 ~ 125 ᠬᠣᠨᠣᠭ ᠂ ᠳᠤᠮᠳᠠᠵᠢ 250 ᠬᠣᠨᠣᠭ ᠣᠷᠴᠢᠮ ᠪᠣᠯᠤᠨ᠎ᠠ :: ᠬᠤᠯᠠᠰᠤ

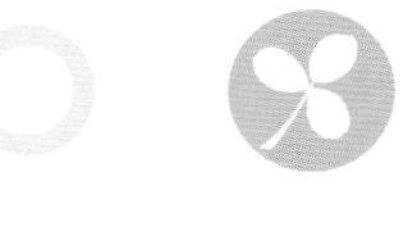

二、北方推广种植的国产燕麦品种

（一）锋利燕麦（*Avena sativa* L. cv. Fengli）

1. 品种特征特性

粮草兼用品种。分蘖3～6个，茎秆直立，株高60～75 cm，茎粗4～5 mm。叶片宽厚，叶色浓绿，叶长39～42 cm，叶宽1.8～2.3 cm。圆锥花序，周散型，穗长18.2 cm。颖果纺锤形，腹面具纵沟，长1.15 cm，宽0.9 cm，千粒重37.6 g。再生性强，一年可刈割2～3次。有较强的抗锈病、抗倒伏能力。干草产量可达13 000 kg/hm^2，籽实产量可达4 000 kg/hm^2。开花期干物质中含粗蛋白12.59%、粗脂肪2.17%、粗纤维26.21%、无氮浸出物49.95%、粗灰分9.08%、钙0.30%、磷0.41%。

2. 适应地区

种植区域广泛，在我国南方地区适宜秋播，北方地区适宜春播。

（二）青引1号（*Avena sativa* L.cv. Qingyin No.1）

1. 品种特征特性

中晚熟草籽兼用品种，生育期120～135天。株高140～160 cm，茎粗0.5～0.7 cm，主穗长25 cm。叶长30 cm，叶宽2～3 cm。籽粒浅黄色，无芒，粒大饱满，千粒重35～37 g。穗型侧散，穗轴基部明显扭曲。生长整齐，茎叶有甜味，适口性好。在青海省西宁地区干草产量2 533～3 466 kg/hm^2，种子产量4 800 kg/hm^2。

2. 适宜地区

适宜在青藏高原地区种植。

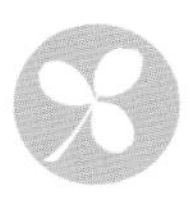

ᠭᠤᠷᠪᠠ · [illegible]

(ᠨᠢᠭᠡ) [illegible] (*Avena sativa* L.cv.Fengli)

1. [illegible]

[illegible] 3 ~ 6 [illegible] · [illegible] 60 ~ 75 cm [illegible] · [illegible] 4 ~ 5 mm [illegible] ᠃ [illegible] 39 ~ 42 cm [illegible] · 1.8 ~ 2.3 cm [illegible] ᠃ [illegible] · 18.2 cm [illegible] ᠃ [illegible] · 1.15 cm [illegible] · 0.9 cm [illegible] · [illegible] 37.6 g [illegible] ᠃ [illegible] 2 ~ 3 [illegible] ᠃ [illegible] 13 000 kg /hm² [illegible] · [illegible] 4 000 kg / hm² [illegible] ᠃ [illegible] 12.59% · [illegible] 2.17% · [illegible] 26.21% · [illegible] 49.95% · [illegible] 9.08% · [illegible] 0.30% · [illegible] 0.41% [illegible] ᠃

2. [illegible]

[illegible] ᠃

(ᠳᠣᠯᠣᠭ᠎ᠠ) [illegible] 1 [illegible] (*Avena sativa* L.cv.Qingyin No.1)

1. [illegible]

[illegible] 120 ~ 135 [illegible] ᠃ [illegible] 140 ~ 160 cm [illegible] · [illegible] 0.5 ~ 0.7 cm [illegible] · [illegible] 25 cm [illegible] ᠃ [illegible] 30 cm [illegible] · 2 ~ 3 cm [illegible] ᠃ [illegible] 35 ~ 37 g [illegible] ᠃ [illegible] 2 533 ~ 3 466 kg/hm² · [illegible] 4 800 kg/hm² [illegible] ᠃

2. [illegible]

[illegible] ᠃

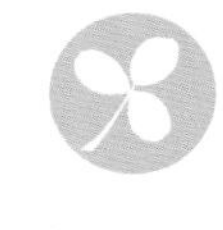

（三）青引2号（*Avena sativa* L.cv. Qingyin No. 2）

1. 品种特征特性

粮草兼用品种，较早熟，在海拔2 700 m的青海省湟中县生有期100天左右。株高120 ～ 170 cm，茎粗0.5 cm。叶长30 ～ 40 cm，叶宽1.9 cm。穗型周散，主穗长19 ～ 21 cm，轮生层数5.8 ～ 6.3个。种子浅黄色，纺锤形，千粒重30 ～ 36 g。粒长1.34 cm，粒宽0.37 cm。茎叶柔软，适口性好，开花期全株干物质中含粗蛋白7.01%、粗脂肪1.9%、粗纤维39.13%、无氮浸出物45.37%、粗灰分6.59%。耐寒、抗倒伏。在青海省西宁地区干草产量12 000 kg/hm^{2}左右，种子产量3 450 kg/hm^2。

2. 适宜地区

在青藏高原地区种植。

（四）陇燕3号燕麦（*Avena sativa* L. cv. Longyan No.3）

1. 品种特征特性

春性、晚熟品种，生育期110 ～ 130天。分蘖力强，有效分蘖多。株高135 ～ 160 cm，周散型穗。颖壳黑紫色，长卵圆形。穗长14 ～ 20 cm。小穗数24 ～ 30个，穗粒数30 ～ 45粒。穗粒重1.0 ～ 1.5 g，千粒重30 ～ 34 g，种子成熟后不落粒。籽粒含粗蛋白10.5%、粗脂肪7.1%、赖氨酸0.44%。高抗燕麦红叶病，对黑穗病免疫。草籽兼用品种，种子产量平均为5 089 kg/hm^2，灌浆期干草产量平均为12 545 kg/hm^2。

2. 适宜地区

适宜甘肃天祝、岷县、甘南、通渭及其他冷凉地区种植。海拔2 700 m以下地区粮草兼用，2 700 m以上地区适宜作饲草种植。

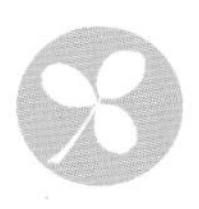

[illegible] 2 700 m [illegible]

[illegible]

2. [illegible]

[illegible] 5 089 kg/hm², [illegible] 12 545 kg/hm² [illegible]

[illegible] 10.5%, [illegible] 7.1%, [illegible] 0.44% [illegible]

24 ~ 30 [illegible] 30 ~ 45 [illegible] 1.0 ~ 1.5 g [illegible] 30 ~ 34 g [illegible] 14 ~ 20 cm [illegible]

135 ~ 160 cm [illegible] 110 ~ 130 [illegible]

1. [illegible]

([illegible]) [illegible] 3 [illegible] (*Avena sativa* L.cv.Longyan No.3)

[illegible]

2. [illegible]

12 000 kg/hm² [illegible] 3 450 kg/hm² [illegible]

[illegible]

[illegible] 7.01%, [illegible] 1.9%, [illegible] 39.13%, [illegible] 45.37%, [illegible] 6.59%

[illegible] 30 ~ 36 g [illegible] 1.34 cm [illegible] 0.37 cm [illegible]

[illegible] 19 ~ 21 cm [illegible] 5.8 ~ 6.3 [illegible]

[illegible] 100 [illegible] 120 ~ 170 cm [illegible] 0.5 cm [illegible] 30 ~ 40 cm [illegible] 1.9 cm [illegible]

[illegible] 2 700 m [illegible]

1. [illegible]

([illegible]) [illegible] 2 [illegible] (*Avena sativa* L.cv.Qingyin No.2)

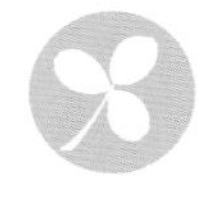

（五）阿坝燕麦（*Avena sativa* L. cv. Aba）

1. 品种特征特性

在四川红原地区生育期120天左右。株高120 ～ 170 cm，茎粗0.47 cm，叶鞘被少量白粉，茎节浅绿，穗节间与下部节间稍弯曲。具4 ～ 5片叶，叶片灰绿，长23 ～ 31 cm，宽1.1 ～ 1.5 cm，叶片靠近茎秆处边缘有茸毛（稀疏）。穗长17 ～ 25 cm，每穗22个小穗，每小穗含2 ～ 3个小花，结实率85%。种子纺锤形，短芒，草黄色，长1.3 cm，宽0.2 cm，千粒重32 g。干草产量7 984 ～ 11 320 kg/hm^2，种子产量2 412 ～ 2 860 kg/hm^2。抗寒、耐旱，较抗红叶病和蚜虫。

2. 适宜地区

适宜西南地区高山及青藏高原高寒牧区海拔2 000 ～ 4 500 m区域种植。

（六）青海444（*Avena sativa* L. cv. Qinghai 444）

1. 品种特征特性

属于草籽兼用型品种，较早熟，生育期100 ～ 120天。株高130 ～ 150 cm，2 ～ 5个分蘖，圆锥花序，周散型，穗长21 ～ 26 cm，叶长30 ～ 35 cm，叶宽2 ～ 2.5 cm，千粒重30 ～ 33 g。籽粒黑紫色，具芒。干草产量7 000 ～ 10 000 kg/hm^2，籽实产量3 000 ～ 4 000 kg/hm^2。抗倒伏，较抗燕麦红叶病。

2. 适宜地区

适宜在青海、甘肃、西藏、四川，以及西北和华北等地区栽培。

（ᠬᠣᠶᠠᠷ）ᠠᠪᠠ ᠰᠣᠯᠣᠩᠭ᠎ᠠ ᠰᠣᠷᠣᠯ（*Avena sativa* L.cv.Aba）

1. ᠰᠣᠷᠣᠯ ᠭᠠᠷᠤᠯ ᠤᠨ ᠲᠣᠪᠴᠢ ᠲᠠᠨᠢᠯᠴᠠᠭᠤᠯᠭ᠎ᠠ

ᠥᠰᠦᠯᠲᠡ ᠶᠢᠨ ᠬᠤᠭᠤᠴᠠᠭ᠎ᠠ ᠨᠢ 120 ᠣᠷᠴᠢᠮ ᠡᠳᠦᠷ ᠃ ᠦᠨᠳᠦᠷ ᠨᠢ 120 ~ 170 cm ᠬᠦᠷᠦᠨ᠎ᠡ᠂ ᠦᠳᠡ ᠨᠢ 0.47 cm ᠪᠦᠳᠦᠭᠦᠨ᠂ ᠨᠠᠪᠴᠢ ᠶᠢᠨ ᠥᠩᠭᠡ ᠨᠢ ᠨᠣᠭᠣᠭᠠᠨ᠂ 4 ~ 5 ᠨᠠᠪᠴᠢᠲᠠᠢ ᠃ ᠨᠠᠪᠴᠢ ᠶᠢᠨ ᠭᠠᠳᠠᠷᠭᠤ ᠳᠤ ᠦᠰᠦ ᠦᠭᠡᠢ ᠂ ᠨᠠᠪᠴᠢ ᠨᠢ 23 ~ 31 cm ᠤᠷᠲᠤ᠂ 1.1 ~ 1.5 cm ᠥᠷᠭᠡᠨ᠂ ᠨᠠᠪᠴᠢ ᠶᠢᠨ ᠬᠡᠯᠡ ᠨᠢ ᠪᠠᠭ᠎ᠠ ᠃ ᠰᠣᠪᠣᠭ᠎ᠠ ᠨᠢ 17 ~ 25 cm᠂ ᠰᠣᠪᠣᠭ᠎ᠠ ᠳᠤ 22 ᠣᠷᠴᠢᠮ ᠰᠣᠪᠣᠭᠣᠴᠠ ᠲᠠᠢ᠂ ᠰᠣᠪᠣᠭᠣᠴᠠ ᠳᠤ 2 ~ 3 ᠴᠡᠴᠡᠭ ᠲᠡᠢ᠂ ᠦᠷ᠎ᠡ ᠪᠣᠯᠬᠤ ᠨᠢ 85% ᠪᠠᠶᠢᠨ᠎ᠠ ᠃ ᠦᠷ᠎ᠡ ᠨᠢ ᠰᠢᠷ᠎ᠠ ᠥᠩᠭᠡ ᠲᠡᠢ᠂ ᠤᠷᠲᠤ ᠵᠤᠰᠠᠭᠠᠨ ᠬᠡᠯᠪᠡᠷᠢ ᠲᠡᠢ᠂ 1.3 cm ᠤᠷᠲᠤ᠂ 0.2 cm ᠥᠷᠭᠡᠨ᠂ ᠮᠢᠩᠭᠠᠨ ᠦᠷ᠎ᠡ ᠶᠢᠨ ᠵᠢᠩ ᠨᠢ 32 g ᠃ ᠨᠣᠭᠣᠭᠠᠨ ᠣᠷᠣᠭᠤᠯᠭ᠎ᠠ ᠨᠢ 7 984 ~ 11 320 kg/hm²᠂ ᠦᠷ᠎ᠡ ᠶᠢᠨ ᠣᠷᠣᠭᠤᠯᠭ᠎ᠠ ᠨᠢ 2 412 ~ 2 860 kg/hm² ᠪᠣᠯᠤᠨ᠎ᠠ ᠃ ᠬᠦᠢᠲᠡᠨ ᠳᠤ ᠲᠡᠰᠪᠦᠷᠢ᠂ ᠬᠤᠷᠠ ᠴᠢᠩᠭ ᠳᠤ ᠲᠡᠰᠪᠦᠷᠢ᠂ ᠬᠥᠷᠰᠥ ᠲᠣᠭᠣᠰᠤ ᠲᠡᠰᠪᠦᠷᠢ ᠶᠢᠨ ᠴᠢᠳᠠᠪᠤᠷᠢ ᠲᠠᠢ ᠂ ᠬᠣᠪᠢᠷᠠᠯ ᠤᠨ ᠡᠰᠡᠷᠭᠦᠴᠡᠬᠦ ᠴᠢᠳᠠᠪᠤᠷᠢ ᠰᠠᠢᠨ ᠪᠠᠶᠢᠨ᠎ᠠ ᠃

2. ᠲᠣᠬᠢᠷᠠᠬᠤ ᠣᠷᠣᠨ

ᠪᠠᠶᠢᠭᠠᠯ ᠰᠡᠷᠭᠦᠦᠨ ᠣᠷᠣᠨ ᠤ ᠲᠠᠷᠢᠯᠠᠩ ᠤᠨ ᠴᠢᠩᠬᠠᠢ ᠲᠥᠪᠡᠳ ᠦᠨ ᠥᠨᠳᠦᠷᠯᠢᠭ ᠤᠨ ᠵᠡᠭᠦᠨ ᠬᠣᠶᠢᠲᠤ ᠬᠡᠰᠡᠭ ᠲᠦ ᠨᠠᠯᠢᠭᠤᠯᠤᠭᠰᠠᠨ ᠣᠷᠣᠨ ᠤ ᠳᠠᠯᠠᠢ ᠶᠢᠨ ᠲᠡᠪᠰᠢᠨ ᠡᠴᠡ 2 000 ~ 4 500 m ᠦᠨᠳᠦᠷ ᠣᠷᠣᠨ ᠳᠤ ᠲᠠᠷᠢᠬᠤ ᠳᠤ ᠲᠣᠬᠢᠷᠠᠮᠵᠢᠲᠠᠢ ᠃

（ᠭᠤᠷᠪᠠᠳᠤᠭᠠᠷ）ᠴᠢᠩᠬᠠᠢ 444（*Avena sativa* L.cv.Qinghai 444）

1. ᠰᠣᠷᠣᠯ ᠭᠠᠷᠤᠯ ᠤᠨ ᠲᠣᠪᠴᠢ ᠲᠠᠨᠢᠯᠴᠠᠭᠤᠯᠭ᠎ᠠ

ᠪᠣᠳᠣᠭᠠᠯ ᠤᠨ ᠦᠷ᠎ᠡ ᠶᠢᠨ ᠥᠰᠦᠯᠲᠡ ᠶᠢᠨ ᠬᠤᠭᠤᠴᠠᠭ᠎ᠠ ᠨᠢ ᠳᠤᠮᠳᠠ ᠵᠡᠷᠭᠡ ᠶᠢᠨ ᠪᠣᠯᠪᠠᠰᠤᠷᠠᠯᠲᠠ᠂ ᠪᠣᠯᠪᠠᠰᠤᠷᠠᠬᠤ ᠳᠤ 100 ~ 120 ᠡᠳᠦᠷ ᠪᠣᠯᠤᠨ᠎ᠠ ᠃ ᠦᠨᠳᠦᠷ ᠨᠢ 130 ~ 150 cm᠂ 2 ~ 5 ᠪᠤᠳᠠᠭᠠᠯᠠᠬᠤ᠂ ᠰᠣᠪᠣᠭ᠎ᠠ ᠨᠢ ᠳᠡᠯᠭᠡᠷᠡᠩᠭᠦᠢ ᠬᠡᠯᠪᠡᠷᠢ ᠲᠡᠢ ᠃ ᠰᠣᠪᠣᠭ᠎ᠠ ᠨᠢ 21 ~ 26 cm᠂ ᠨᠠᠪᠴᠢ ᠨᠢ 30 ~ 35 cm ᠤᠷᠲᠤ᠂ 2 ~ 2.5 cm ᠥᠷᠭᠡᠨ᠂ ᠮᠢᠩᠭᠠᠨ ᠦᠷ᠎ᠡ ᠶᠢᠨ ᠵᠢᠩ ᠨᠢ 30 ~ 33 g ᠪᠣᠯᠤᠨ᠎ᠠ ᠃ ᠦᠷ᠎ᠡ ᠨᠢ ᠰᠢᠷ᠎ᠠ ᠴᠠᠭᠠᠨ ᠥᠩᠭᠡ ᠲᠡᠢ ᠃ ᠨᠣᠭᠣᠭᠠᠨ ᠣᠷᠣᠭᠤᠯᠭ᠎ᠠ ᠨᠢ 7 000 ~ 10 000 kg/hm²᠂ ᠦᠷ᠎ᠡ ᠶᠢᠨ ᠣᠷᠣᠭᠤᠯᠭ᠎ᠠ ᠨᠢ 3 000 ~ 4 000 kg/hm² ᠪᠣᠯᠤᠨ᠎ᠠ ᠃ ᠬᠦᠢᠲᠡᠨ ᠳᠤ ᠲᠡᠰᠪᠦᠷᠢ᠂ ᠬᠥᠷᠰᠥ ᠲᠣᠭᠣᠰᠤ ᠲᠡᠰᠪᠦᠷᠢ ᠶᠢᠨ ᠴᠢᠳᠠᠪᠤᠷᠢ ᠲᠠᠢ ᠪᠠᠶᠢᠨ᠎ᠠ ᠃

2. ᠲᠣᠬᠢᠷᠠᠬᠤ ᠣᠷᠣᠨ

ᠴᠢᠩᠬᠠᠢ᠂ ᠰᠢᠨᠵᠢᠶᠠᠩ᠂ ᠭᠠᠨᠰᠤ᠂ ᠲᠥᠪᠡᠳ ᠵᠡᠷᠭᠡ ᠮᠤᠵᠢ（ᠣᠷᠣᠨ）ᠤ ᠪᠠᠶᠢᠭᠠᠯ ᠰᠡᠷᠭᠦᠦᠨ ᠣᠷᠣᠨ ᠳᠤ ᠲᠠᠷᠢᠬᠤ ᠳᠤ ᠲᠣᠬᠢᠷᠠᠮᠵᠢᠲᠠᠢ ᠃

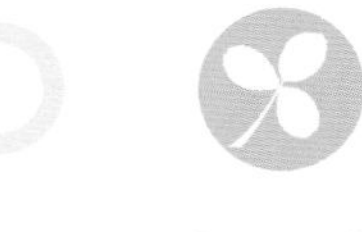

（七）陇燕1号燕麦（*Avena sativa* L. cv. Longyan No.1）

1. 品种特征特性

春性，株型紧凑，株高120 ～ 140 cm。生育期在甘肃省二阴地区为115 ～ 120天。侧散型穗，穗长15 ～ 22 cm，每穗小穗数20 ～ 28个，穗粒数40 ～ 55个，穗粒重1.5 ～ 2.1 g，千粒重34 ～ 38 g。颖壳黄白色。籽粒容重760 ～ 780 g/L，含粗蛋白13.36%、粗脂肪4.65%、灰分2.26%、赖氨酸4.69%。对燕麦红叶病表现为中抗。种子产量4 500 ～ 5 000 kg/hm^2。

2. 适宜地区

适宜甘肃、青海、西藏等冷凉或二阴地区种植。

（八）陇燕2号燕麦（*Avena sativa* L. cv. Longyan No.2）

1. 品种特征特性

燕麦生育期100 ～ 120天。株型紧凑，茎秆粗壮，株高123 ～ 146 cm。周散型穗，颖壳黄白色，穗长17 ～ 21 cm。每穗小穗数25 ～ 30个，穗粒数40 ～ 55粒，穗粒重1.3 ～ 1.9 g，千粒重32 ～ 36 g。籽粒含粗蛋白10.4%、粗脂肪6.7%、赖氨酸0.33%。对燕麦红叶病有较强的抗性。种子平均产量4 500 kg/hm^2。

2. 适宜地区

适宜甘肃、青海、西藏等冷凉或二阴地区种植。

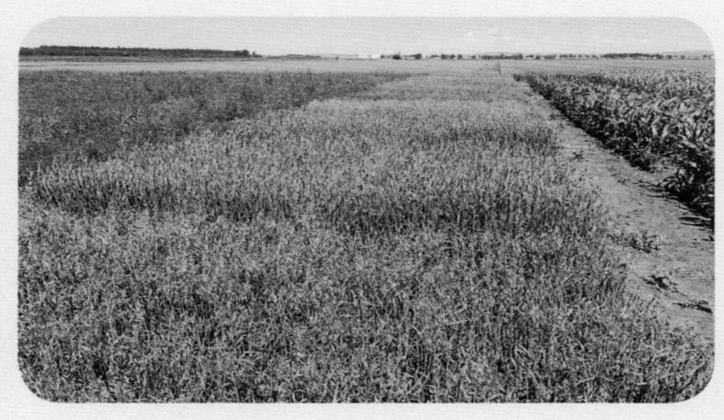

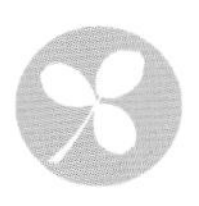

(ᠭᠤᠷᠪᠠ) ᠯᠦᠩᠶᠠᠨ ᠤ 1 ᠳ᠋ᠤᠭᠠᠷ (*Avena sativa* L.cv.Longyan No.1)

1. ᠭᠠᠳᠠᠷ ᠲᠥᠷᠬᠡ ᠶᠢᠨ ᠣᠨᠴᠠᠯᠢᠭ

ᠬᠠᠪᠤᠷ ᠤᠨ ᠰᠣᠷᠲᠤ᠂ ᠦᠷ᠎ᠡ ᠶᠢᠨ ᠲᠦᠷᠦᠯ ᠬᠠᠭᠤᠷᠠᠢ᠂ 120 ~ 140 cm ᠥᠨᠳᠦᠷ ᠪᠣᠯᠤᠨ᠎ᠠ᠃ ᠦᠷ᠎ᠡ ᠲᠠᠷᠢᠬᠤ ᠡᠴᠡ ᠪᠣᠯᠤᠭᠰᠠᠨ ᠬᠦᠷᠲᠡᠯᠡ ᠥᠰᠦᠯᠲᠡ ᠶᠢᠨ ᠬᠤᠭᠤᠴᠠᠭ᠎ᠠ 115 ~ 120 ᠡᠳᠦᠷ᠃ ᠰᠠᠯᠠᠭᠠᠷᠠᠯᠲᠠ ᠶᠢᠨ ᠴᠢᠳᠠᠪᠬᠢ ᠬᠦᠴᠦᠲᠡᠢ᠂ ᠨᠠᠪᠴᠢ ᠶᠢᠨ ᠤᠷᠲᠤ ᠨᠢ 15 ~ 22 cm ᠪᠣᠯᠤᠨ᠎ᠠ᠂ ᠰᠦᠢᠯᠡ ᠶᠢᠨ ᠤᠷᠲᠤ ᠨᠢ 20 ~ 28 cm ᠤᠷᠲᠤ ᠰᠦᠢᠯᠡ ᠲᠠᠢ᠂ 40 ~ 55 ᠮᠥᠴᠢᠷ ᠲᠠᠢ᠂ ᠮᠥᠴᠢᠷ ᠤᠨ ᠨᠢᠭᠡ ᠦᠷ᠎ᠡ ᠶᠢᠨ ᠵᠢᠩ 1.5 ~ 2.1 g᠂ ᠮᠢᠩᠭᠠᠨ ᠦᠷ᠎ᠡ ᠶᠢᠨ ᠵᠢᠩ 34 ~ 38 g᠃ ᠦᠷ᠎ᠡ ᠶᠢᠨ ᠦᠩᠭᠡ ᠨᠢ ᠰᠢᠷ᠎ᠠ ᠴᠠᠭᠠᠨ᠂ ᠪᠦᠲᠦᠨ ᠦ ᠵᠢᠩ 760 ~ 780 g/L ᠪᠣᠯᠤᠨ᠎ᠠ᠂ ᠤᠤᠷᠭᠢᠯ ᠤᠨ ᠬᠡᠮᠵᠢᠶ᠎ᠡ 13.36%᠂ ᠲᠣᠰᠤ 4.65%᠂ ᠦᠨᠡᠰᠦ 2.26%᠂ ᠱᠢᠷᠬᠡᠭ ᠰᠢᠯᠦᠭᠰᠦ 4.69% ᠠᠭᠤᠯᠤᠭᠳᠠᠨ᠎ᠠ᠃

2. ᠦᠢᠯᠡᠳᠪᠦᠷᠢ ᠴᠢᠨᠠᠷ

ᠦᠷ᠎ᠡ ᠶᠢᠨ ᠦᠭᠲᠦᠭᠡ ᠨᠢ 4 500 ~ 5 000 kg/hm² ᠪᠣᠯᠤᠨ᠎ᠠ᠃

ᠥᠪᠦᠷ ᠮᠣᠩᠭᠣᠯ᠂ ᠬᠡᠪᠡᠢ᠂ ᠰᠢᠨᠵᠢᠶᠠᠩ ᠵᠡᠷᠭᠡ (ᠣᠷᠤᠨ) ᠤ ᠬᠠᠭᠤᠷᠠᠢ ᠬᠠᠯᠠᠭᠤᠨ ᠪᠤᠰᠤ ᠭᠠᠵᠠᠷ ᠤᠷᠤᠨ ᠳᠤ ᠲᠠᠷᠢᠬᠤ ᠳᠤ ᠲᠣᠬᠢᠷᠠᠮᠵᠢᠲᠠᠢ᠃

(ᠳᠦᠷᠪᠡ) ᠯᠦᠩᠶᠠᠨ ᠤ 2 ᠳ᠋ᠤᠭᠠᠷ (*Avena sativa* L.cv.Longyan No.2)

1. ᠭᠠᠳᠠᠷ ᠲᠥᠷᠬᠡ ᠶᠢᠨ ᠣᠨᠴᠠᠯᠢᠭ

ᠮᠥᠴᠢᠷ ᠤᠨ ᠲᠥᠷᠦᠯ ᠨᠢ ᠲᠠᠷᠬᠠᠮᠠᠯ᠂ ᠪᠦᠬᠦ ᠥᠰᠦᠯᠲᠡ ᠶᠢᠨ ᠬᠤᠭᠤᠴᠠᠭ᠎ᠠ 100 ~ 120 ᠡᠳᠦᠷ᠃ ᠦᠷ᠎ᠡ ᠶᠢᠨ ᠦᠩᠭᠡ ᠨᠢ ᠰᠢᠷ᠎ᠠ᠂ ᠢᠰᠢ ᠶᠢᠨ ᠥᠨᠳᠦᠷ 123 ~ 146 cm ᠪᠣᠯᠤᠨ᠎ᠠ᠃ ᠰᠠᠯᠠᠭᠠᠷᠠᠯᠲᠠ ᠶᠢᠨ ᠴᠢᠳᠠᠪᠬᠢ ᠬᠦᠴᠦᠲᠡᠢ᠂ ᠨᠠᠪᠴᠢ ᠶᠢᠨ ᠤᠷᠲᠤ ᠨᠢ 17 ~ 21 cm ᠪᠣᠯᠤᠨ᠎ᠠ᠂ ᠰᠦᠢᠯᠡ ᠶᠢᠨ ᠤᠷᠲᠤ 25 ~ 30 cm ᠤᠷᠲᠤ ᠰᠦᠢᠯᠡ ᠲᠠᠢ᠂ 40 ~ 55 ᠮᠥᠴᠢᠷ ᠲᠠᠢ᠂ ᠮᠥᠴᠢᠷ ᠤᠨ ᠨᠢᠭᠡ ᠦᠷ᠎ᠡ ᠶᠢᠨ ᠵᠢᠩ 1.3 ~ 1.9 g᠂ ᠮᠢᠩᠭᠠᠨ ᠦᠷ᠎ᠡ ᠶᠢᠨ ᠵᠢᠩ 32 ~36 g᠃ ᠦᠷ᠎ᠡ ᠳᠦ ᠠᠭᠤᠯᠤᠭᠳᠠᠬᠤ ᠤᠤᠷᠭᠢᠯ ᠤᠨ ᠬᠡᠮᠵᠢᠶ᠎ᠡ 10.4%᠂ ᠲᠣᠰᠤ 6.7%᠂ ᠱᠢᠷᠬᠡᠭ ᠰᠢᠯᠦᠭᠰᠦ 0.33% ᠪᠣᠯᠤᠨ᠎ᠠ᠃ ᠬᠠᠭᠤᠷᠠᠢ ᠭᠠᠵᠠᠷ ᠲᠤ ᠲᠠᠷᠢᠬᠤ ᠳᠤ ᠦᠷ᠎ᠡ ᠶᠢᠨ ᠦᠭᠲᠦᠭᠡ ᠨᠢ 4 500 kg/hm² ᠬᠦᠷᠲᠡᠭ᠃

2. ᠦᠢᠯᠡᠳᠪᠦᠷᠢ ᠴᠢᠨᠠᠷ

ᠥᠪᠦᠷ ᠮᠣᠩᠭᠣᠯ᠂ ᠬᠡᠪᠡᠢ᠂ ᠰᠢᠨᠵᠢᠶᠠᠩ ᠵᠡᠷᠭᠡ (ᠣᠷᠤᠨ) ᠤ ᠬᠠᠭᠤᠷᠠᠢ ᠬᠠᠯᠠᠭᠤᠨ ᠪᠤᠰᠤ ᠭᠠᠵᠠᠷ ᠤᠷᠤᠨ ᠳᠤ ᠲᠠᠷᠢᠬᠤ ᠳᠤ ᠲᠣᠬᠢᠷᠠᠮᠵᠢᠲᠠᠢ᠃

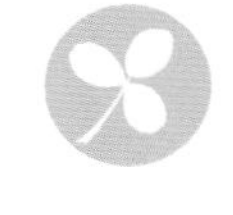

（九）林纳（*Avena sativa* L. cv. Linna）

1. 品种特征特性

属中晚熟品种，生育期97～130天。株高110～155 cm，千粒重24～35 g。种子黄色，粒形纺锤形，粒长1.4 cm，粒宽0.35 cm。茎粗0.39～0.45 cm，叶长29.6～30.1 cm，叶宽1.3～1.6 cm，主穗长19～22 cm，穗型周散。籽粒粗蛋白含量11.03%、粗脂肪3.96%。平均干草产量9 428 kg/hm^2，平均种子产量4 140 kg/hm^2。

2. 适宜地区

适宜高寒或二阴地区种植。海拔2 500 m以下粮草兼用，2 500 m以上饲草种植。

（十）坝燕1号（*Avena sativa* L. cv. Bayan No.1）

1. 品种特征特性

幼苗半直立，生育期85～97天。株型中等，叶片下垂，株高85～120 cm。周散型穗，小穗纺锤形，主穗小穗数28.5个，穗粒数60粒，穗粒重2.17 g，千粒重40 g左右。籽粒粗蛋白质含量13.6%、粗脂肪含量8.2%。种子平均产量为4 165.5 kg/hm^2。

2. 适宜地区

适宜河北坝上、内蒙古等地的阴滩地种植。

ᠬᠠᠷᠢᠰᠢᠯ ᠤᠭᠡᠢ ᠶᠢᠨ ᠪᠣᠰᠬᠠᠯ ᠢᠶᠠᠷ · ᠬᠠᠭᠤᠷᠠᠢ ᠤᠯᠠᠭᠠᠨ ᠬᠠᠭᠤᠷᠠᠢ ᠨᠤᠲᠤᠭ ᠲᠤ ᠲᠠᠷᠢᠯᠠᠯᠲᠠ ᠬᠢᠵᠦ ᠪᠣᠯᠣᠨ᠎ᠠ ::

2. ᠣᠨᠴᠠᠯᠢᠭ ᠴᠢᠨᠠᠷ

4 165.5 kg/hm² ᠬᠦᠷᠳᠡᠭ ::

ᠮᠢᠩᠭ᠎ᠠ ᠦᠷ᠎ᠡ ᠶᠢᠨ ᠵᠢᠩᠭᠢ ᠨᠢ 40 g ᠣᠷᠴᠢᠮ ᠪᠠᠢᠨ᠎ᠠ :: ᠦᠪᠡᠰᠦ ᠳᠦ ᠨᠢ ᠠᠭᠤᠯᠠᠭᠳᠠᠬᠤ ᠦᠨᠳᠦᠰᠦᠨ ᠤᠷᠭᠤᠮᠠᠯ 13.6% · ᠦᠨᠳᠦᠰᠦᠨ ᠦᠬᠡ 8.2% · ᠦᠪᠡᠰᠦ ᠶᠢᠨ ᠨᠣᠭᠣᠭᠠᠨ ᠦᠢᠯᠡᠳᠪᠦᠷᠢ ᠨᠢ

ᠭᠡᠩᠬᠡᠷᠦᠯᠲᠡ ᠨᠣᠭᠣᠭᠠᠨ ᠦᠩᠭᠡ ᠲᠡᠢ · ᠲᠤᠯᠢᠶ᠎ᠠ ᠨᠠᠪᠴᠢ ᠨᠢ ᠦᠷᠭᠡᠨ ᠠᠯᠢᠭᠯᠠᠬᠤ · ᠳᠡᠭᠡᠷ᠎ᠡ ᠨᠠᠪᠴᠢ ᠶᠢᠨ ᠲᠤᠯᠢᠶ᠎ᠠ ᠨᠠᠪᠴᠢ ᠨᠢ 28.5 cm ᠤᠷᠳᠤ · ᠲᠤᠯᠢᠶ᠎ᠠ ᠨᠠᠪᠴᠢ ᠨᠢ 60 ᠮᠢᠩᠭ᠎ᠠ · 2.17g ᠪᠣᠯᠤᠨ ·

ᠰᠢᠷᠡᠬᠡ ᠪᠦᠷᠢ ᠨᠢ ᠬᠤᠮᠰᠠᠨ ᠪᠣᠯᠤᠨ᠎ᠠ · ᠥᠰᠦᠯᠳᠡ ᠶᠢᠨ ᠬᠤᠭᠤᠴᠠᠭ᠎ᠠ ᠨᠢ 85 ~ 97 ᠡᠳᠦᠷ :: ᠤᠨᠳᠤᠷ ᠨᠢ ᠣᠨᠴᠠ ᠶᠢᠨ ᠦᠨᠳᠦᠷ ᠲᠡᠢ · 85 ~ 120 cm ᠬᠦᠷᠳᠡᠭ · ᠦᠨᠳᠦᠰᠦ ᠨᠢ ᠬᠦᠴᠦᠲᠡᠢ :: ᠣᠯᠠᠨ ᠵᠢᠯ

1. ᠤᠭ ᠭᠠᠷᠤᠯ ᠤᠨ ᠲᠣᠪᠴᠢ ᠲᠠᠨᠢᠯᠴᠠᠭ᠎ᠠ

（ᠬᠣᠶᠠᠷ）ᠪᠠᠶᠠᠨ ᠨᠣ 1 ᠰᠣᠷᠲ（*Avena sativa* L.cv.Bayan No.1）

ᠭᠠᠷᠭᠠᠨ · 2 500 m ᠡᠴᠡ ᠳᠣᠣᠷᠠᠬᠢ ᠭᠠᠵᠠᠷ ᠣᠷᠣᠨ ᠳᠤ ᠲᠠᠷᠢᠬᠤ ᠳᠤ ᠲᠣᠬᠢᠷᠠᠮᠵᠢ ᠲᠠᠢ ᠪᠣᠯᠤᠨ᠎ᠠ ::

ᠪᠣᠰᠬᠠᠭᠰᠠᠨ ᠰᠣᠷᠲ ᠪᠣᠯᠬᠤ ᠬᠠᠷᠢᠰᠢᠯ ᠤᠭᠡᠢ ᠶᠢᠨ ᠪᠣᠰᠬᠠᠯ ᠢᠶᠠᠷ ᠲᠠᠷᠢᠯᠠᠯᠲᠠ ᠬᠢᠵᠦ ᠪᠣᠯᠣᠨ᠎ᠠ · ᠳᠠᠯᠠᠢ ᠶᠢᠨ ᠲᠦᠪᠰᠢᠨ ᠡᠴᠡ 2 500 m ᠡᠴᠡ ᠳᠣᠣᠷᠠᠬᠢ ᠭᠠᠵᠠᠷ ᠣᠷᠣᠨ ᠳᠤ ᠪᠠ ᠪᠣᠰᠤ ᠪᠦᠰᠡ ᠨᠤᠲᠤᠭ ᠲᠤ ᠲᠠᠷᠢᠬᠤ

2. ᠣᠨᠴᠠᠯᠢᠭ ᠴᠢᠨᠠᠷ

ᠦᠬᠡ 3.96% · ᠨᠣᠭᠣᠭᠠᠨ ᠲᠡᠵᠢᠭᠡᠯ ᠦᠨ ᠦᠷᠭᠤᠮᠵᠢ ᠨᠢ 9 428 kg/hm² · ᠦᠪᠡᠰᠦ ᠶᠢᠨ ᠦᠷᠭᠤᠮᠵᠢ ᠨᠢ 4 140 kg/hm² ᠪᠣᠯᠤᠨ᠎ᠠ ::

1.3 ~ 1.6 cm ᠥᠷᠭᠡᠨ · ᠳᠡᠭᠡᠷ᠎ᠡ ᠨᠠᠪᠴᠢ ᠨᠢ 19 ~ 22 cm ᠤᠷᠳᠤ · ᠨᠠᠪᠴᠢ ᠶᠢᠨ ᠭᠡᠩᠬᠡᠷᠦᠯᠲᠡ ᠨᠣᠭᠣᠭᠠᠨ ᠦᠩᠭᠡ ᠲᠡᠢ :: ᠦᠪᠡᠰᠦ ᠳᠦ ᠨᠢ ᠠᠭᠤᠯᠠᠭᠳᠠᠬᠤ ᠦᠨᠳᠦᠰᠦᠨ ᠤᠷᠭᠤᠮᠠᠯ 11.03% · ᠦᠨᠳᠦᠰᠦᠨ

ᠦᠪᠡᠰᠦ ᠨᠢ ᠰᠢᠪᠦᠷ ᠲᠠᠢ · ᠲᠤᠯᠢᠶ᠎ᠠ ᠨᠠᠪᠴᠢ · ᠮᠢᠩᠭ᠎ᠠ ᠨᠢ 1.4 cm ᠤᠷᠳᠤ · 0.35 cm ᠥᠷᠭᠡᠨ · ᠢᠰᠢ ᠨᠢ 0.39 ~ 0.45 cm ᠪᠦᠳᠦᠭᠦᠨ · ᠰᠦᠢᠯᠡ ᠨᠢ 29.6 ~ 30.1 cm ᠤᠷᠳᠤ ·

ᠤᠨᠳᠤᠷ ᠪᠠ ᠦᠷ᠎ᠡ ᠪᠣᠯᠪᠠᠰᠤᠷᠠᠬᠤ ᠬᠤᠭᠤᠴᠠᠭ᠎ᠠ ᠳᠤᠮᠳᠠ · ᠥᠰᠦᠯᠳᠡ ᠶᠢᠨ ᠬᠤᠭᠤᠴᠠᠭ᠎ᠠ ᠨᠢ 97 ~ 130 ᠡᠳᠦᠷ :: 110 ~ 155 cm ᠬᠦᠷᠳᠡᠭ · ᠮᠢᠩᠭ᠎ᠠ ᠦᠷ᠎ᠡ ᠶᠢᠨ ᠵᠢᠩᠭᠢ ᠨᠢ 24 ~ 35 g ::

1. ᠤᠭ ᠭᠠᠷᠤᠯ ᠤᠨ ᠲᠣᠪᠴᠢ ᠲᠠᠨᠢᠯᠴᠠᠭ᠎ᠠ

（ᠭᠤᠷᠪᠠ）ᠯᠢᠨ ᠨᠠ（*Avena sativa* L.cv.Linna）

（十一）坝燕2号（*Avena sativa* L. cv. Bayan No.2）

1. 品种特征特性

生育期80天左右，属早熟品种。株型紧凑，叶片上冲，株高85 ～ 120 cm。周散型穗，主穗小穗数28.5个，穗粒数53.7粒，穗粒重2.53 g，千粒重40.8 g。平均种子产量4 005 kg/hm^2。

2. 适宜地区

适宜河北坝上、内蒙古等地的平滩地、肥坡地、阴滩地种植。

（十二）白燕7号（*Avena sativa* L. cv. Baiyan No.7）

1. 品种特征特性

春性，早熟，在吉林西部地区生育期80天左右。株高126 cm，穗长17.5 cm，侧散型穗，颖壳黄色。主穗小穗数22.3个，主穗粒数37.9个，主穗粒重0.9 g。籽实长纺锤形，浅黄色，表面有茸毛。千粒重33.7 g，容重352.2 g/L。籽实粗蛋白质含量13.07%、粗脂肪含量4.64%。种子平均产量2 804 kg/hm^2，干草产量9 498 kg/hm^2。根系发达，抗旱性强。

2. 适宜地区

适宜吉林省西部以及北方冷凉地区种植。

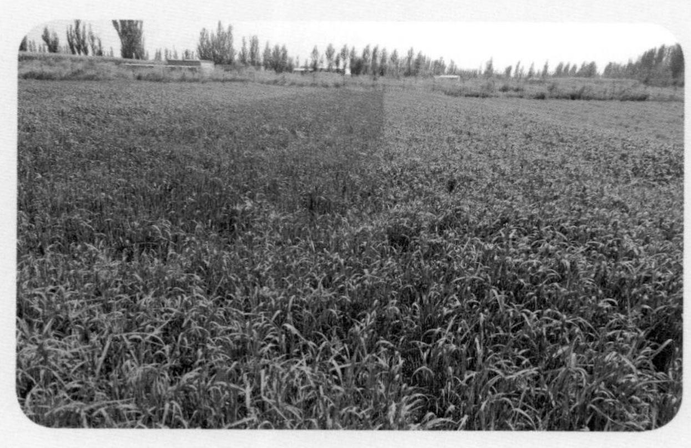

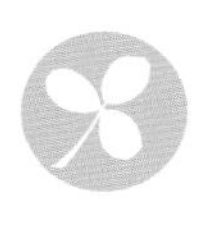

[illegible]

2. [illegible]

[illegible] 9 498 kg/hm^2 [illegible]

[illegible] 13.07% [illegible] 4.64% [illegible] 33.7 g [illegible] 2 804 kg/hm^2 [illegible]

[illegible] 0.9 g [illegible] 352.2 g/L [illegible]

17.5 cm [illegible] 22.3 [illegible] 37.9 [illegible]

1. [illegible]

[illegible] 80 [illegible] 126 cm [illegible]

（[illegible]）[illegible] 7 [illegible]（*Avena sativa* L.cv.Baiyan No.7）

[illegible]

[illegible]

2. [illegible]

40.8 g [illegible] 4 005 kg/hm^2 [illegible]

[illegible] 28.5 [illegible] 53.7 [illegible] 2.53g [illegible]

[illegible] 80 [illegible] 85 ~ 120 cm [illegible]

1. [illegible]

（[illegible]）[illegible] 2 [illegible]（*Avena sativa* L.cv.Bayan No.2）

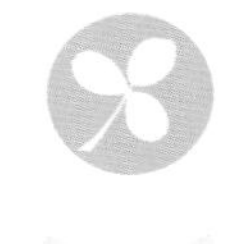

（十三）早熟1号（*Avena sativa* L. cv. Zaoshu No.1）

1. 品种特征特性

早熟粒用型，株高70～90 cm，叶片较小。分蘖力弱，成穗率较低。穗型周散，籽实外稃基本无芒，每穗有种子13～35粒。种子纺锤形，饱满、整齐，千粒重27～34 g。耐寒、耐旱、极早熟，在青海省西宁地区（海拔2 250 m）生育期为78天，在青海省果洛州大武镇（海拔3 750 m）生育期为110天。籽粒产量为1 125～1 200 kg/hm^2。种子干物质中含粗蛋白14.80%、粗脂肪4.90%、粗纤维9.70%、无氮浸出物66.70%、粗灰分3.90%。种子成熟后不落粒。

2. 适宜地区

适宜≥5℃年积温900℃左右、无绝对无霜期的高寒地区种植。

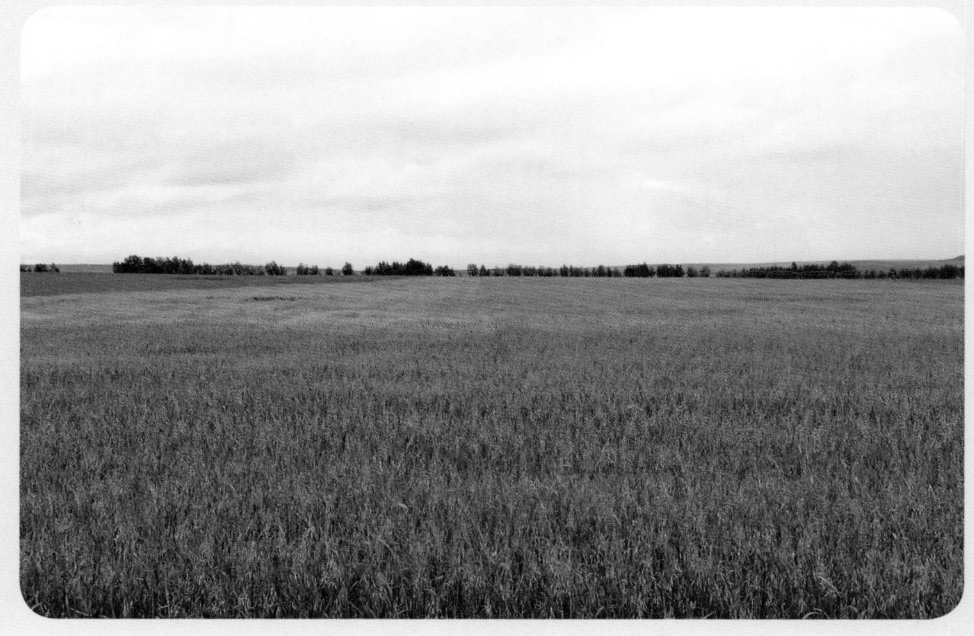

(ᠠᠷᠪᠠᠨ ᠭᠤᠷᠪᠠ) ᠠᠷᠪᠠᠢ ᠪᠣᠯᠪᠠᠰᠤᠷᠠᠬᠤ 1 ᠳ᠋ᠤᠭᠠᠷ (*Avena sativa* L.cv.Zaoshu No.1)

1. ᠬᠡᠯᠪᠡᠷᠢ ᠳᠦᠷᠰᠦ ᠶᠢᠨ ᠣᠨᠴᠠᠯᠢᠭ ᠰᠢᠨᠵᠢ

ᠠᠷᠪᠠᠢ ᠪᠣᠯᠪᠠᠰᠤᠷᠠᠬᠤ ᠪᠦᠯᠦᠭ ᠲᠦ ᠬᠠᠮᠢᠶᠠᠷᠬᠤ ᠡᠬᠦᠰᠦᠯ ᠭᠠᠵᠠᠷ ᠂ ᠪᠣᠷ ᠤᠨ ᠦᠨᠳᠦᠷ ᠨᠢ 70 ~ 90 cm ᠂ ᠨᠠᠪᠴᠢ ᠥᠷᠭᠡᠨ ᠨᠢ ᠳᠤᠮᠳᠠ :: ᠪᠣᠭᠣᠯᠤᠭ ᠰᠠᠴᠤᠷᠬᠠᠢ ᠨᠢ ᠰᠢᠷᠭᠠ ᠂ ᠡᠬᠦᠰᠦᠯ ᠪᠣᠭᠣᠯᠤᠭ ᠳᠠᠭᠠᠭ᠎ᠠ ᠨᠢ ᠡᠭᠦᠷᠡ :: ᠡᠬᠦᠰᠦᠯ ᠡᠬᠢᠯᠡᠭᠰᠡᠨ ᠡᠴᠡ ᠪᠠᠨ ᠂ ᠲᠤᠭᠠᠷ ᠤᠨ ᠦᠷ᠎ᠡ ᠨᠢ ᠰᠢᠷᠭᠠ ᠦᠩᠭᠡ ᠲᠠᠢ ᠂ ᠡᠬᠦᠰᠦᠯ ᠪᠦᠭᠦᠳᠡ ᠨᠢ 13 ~ 35 ᠲᠤᠭᠠᠷ ᠪᠠᠢᠨ᠎ᠠ :: ᠲᠤᠭᠠᠷ ᠨᠢ ᠲᠠᠷᠬᠠᠮᠠᠯ ᠬᠡᠯᠪᠡᠷᠢᠲᠡᠢ ᠂ ᠲᠣᠬᠢᠷᠠᠮᠵᠢ ᠨᠢ ᠰᠠᠢᠨ ᠂ ᠮᠢᠩᠭᠠᠨ ᠦᠷ᠎ᠡ ᠶᠢᠨ ᠵᠢᠩ ᠨᠢ 27 ~ 34 g :: ᠭᠠᠩ ᠭᠠᠴᠢᠭ ᠲᠤ ᠲᠡᠰᠪᠦᠷᠢ ᠂ ᠬᠦᠢᠲᠡᠨ ᠳᠤ ᠲᠡᠰᠪᠦᠷᠢ ᠂ ᠪᠦᠬᠦ ᠠᠷᠪᠠᠢ ᠪᠣᠯᠪᠠᠰᠤᠷᠠᠭᠰᠠᠨ :: ᠤᠭᠤᠷᠠᠭ ᠬᠤᠷ᠎ᠠ ᠶᠢᠨ ᠳᠤᠰᠤᠯ ᠬᠤᠮᠤᠷᠬᠠᠢ ᠵᠦᠢᠯ (ᠳᠠᠯᠠᠢ ᠶᠢᠨ ᠲᠦᠪᠰᠢᠨ ᠡᠴᠡ 2 250 m) ᠡᠴᠡ ᠳᠣᠣᠷᠠᠬᠢ ᠶᠢᠨ ᠭᠠᠵᠠᠷ ᠲᠤ 78 ᠡᠳᠦᠷ ᠂ ᠭᠡᠰᠡᠨ ᠬᠤᠷ᠎ᠠ ᠶᠢᠨ ᠳᠤᠰᠤᠯ ᠬᠤᠮᠤᠷᠬᠠᠢ ᠶᠢᠨ ᠳᠡᠭᠡᠷᠡ ᠶᠢᠨ ᠤᠷᠤᠭ (ᠳᠠᠯᠠᠢ ᠶᠢᠨ ᠲᠦᠪᠰᠢᠨ ᠡᠴᠡ 3 750 m) ᠡᠴᠡ ᠳᠣᠣᠷᠠᠬᠢ ᠶᠢᠨ ᠭᠠᠵᠠᠷ ᠲᠤ 110 ᠡᠳᠦᠷ :: ᠦᠷ᠎ᠡ ᠶᠢᠨ ᠤᠷᠭᠤᠴᠠ ᠨᠢ 1 125 ~ 1 200 kg/hm² :: ᠦᠷ᠎ᠡ ᠶᠢᠨ ᠭᠡᠵᠢᠭ ᠠᠭᠤᠯᠠᠭᠴᠠ ᠨᠢ 14.8% ᠶᠢᠨ ᠤᠭᠤᠷᠠᠭ ᠂ 4.9% ᠶᠢᠨ ᠪᠦᠳᠦᠭᠦᠨ ᠲᠣᠰᠤ ᠂ 9.7% ᠶᠢᠨ ᠪᠦᠳᠦᠭᠦᠨ ᠰᠢᠯᠢᠭᠰᠦ ᠂ 66.7% ᠶᠢᠨ ᠠᠵᠤᠳ ᠦᠭᠡᠢ ᠨᠠᠭᠤᠭᠠᠷᠰᠤ ᠂ 3.9% ᠶᠢᠨ ᠪᠦᠳᠦᠭᠦᠨ ᠦᠨᠡᠰᠦ ᠠᠭᠤᠯᠠᠭᠳᠠᠨ᠎ᠠ :: ᠦᠷ᠎ᠡ ᠨᠢ ᠪᠣᠯᠪᠠᠰᠤᠷᠠᠭᠰᠠᠨ ᠳᠤ ᠲᠣᠬᠢᠷᠠᠮᠵᠢ ᠲᠠᠢ ᠪᠣᠯᠤᠨ᠎ᠠ ::

2. ᠲᠠᠷᠢᠬᠤ ᠣᠷᠤᠨ

ᠳᠣᠣᠷ᠎ᠠ ᠤᠨ ≥ 5°C ᠶᠢᠨ ᠬᠤᠷᠢᠮᠳᠠᠭ ᠳᠤᠯᠠᠭᠠᠴᠠ ᠨᠢ 900°C ᠬᠦᠷᠦᠭᠰᠡᠨ ᠂ ᠤᠰᠤᠯᠠᠭᠠᠯᠲᠠ ᠲᠠᠢ ᠪᠠᠢᠬᠤ ᠭᠠᠵᠠᠷ ᠪᠣᠯᠤᠨ ᠤᠰᠤᠯᠠᠭᠠᠯᠲᠠ ᠦᠭᠡᠢ ᠬᠠᠭᠤᠷᠠᠢ ᠭᠠᠵᠠᠷ ᠲᠤ ᠲᠠᠷᠢᠬᠤ ᠳᠤ ᠲᠣᠬᠢᠷᠠᠮᠵᠢ ᠲᠠᠢ ::

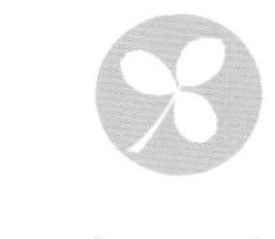

第四章　怎样建植燕麦地

栽培技术是深入研究作物生长发育规律及其与环境条件关系基础上，科学地融合生态学、生理学、土壤学、耕作学、农业气象学、育种学等学科的研究领域。针对不同地区生产中存在的关键技术问题，因地制宜地研究不同自然条件、生产条件下作物增产和稳产的技术途径。

栽培技术的实施必须注意经济效益，以高产、稳产、优质、低成本、高效率为目的。燕麦的种植，适期播种、合理密植、全苗壮苗，同时，单位面积穗数、粒数、粒重等产量构成因素得到最大限度发展，是保证燕麦丰产的重要因素。因此，只有在良好的丰产条件基础上，加上种好、管好、收好，才能最后获得丰产。

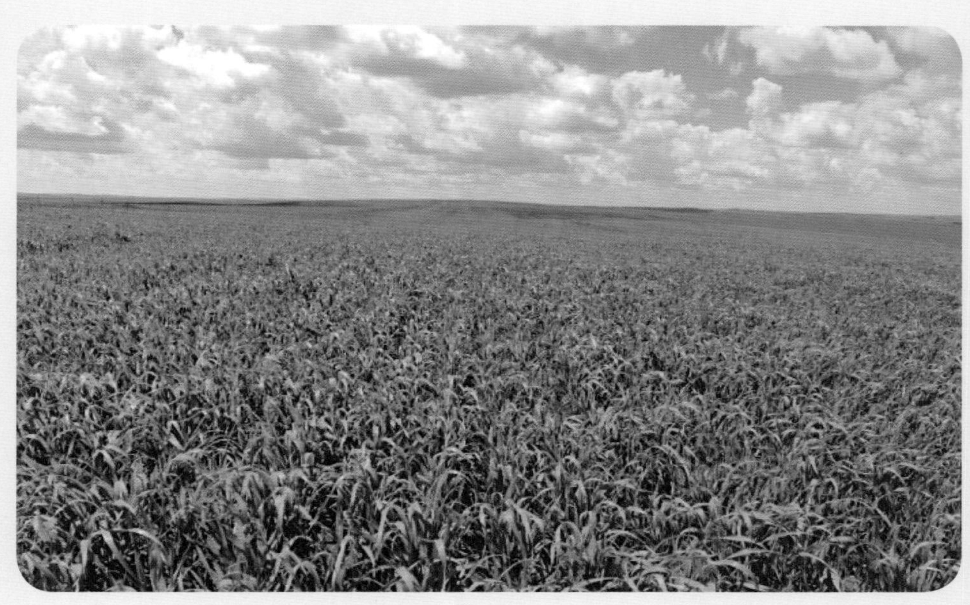

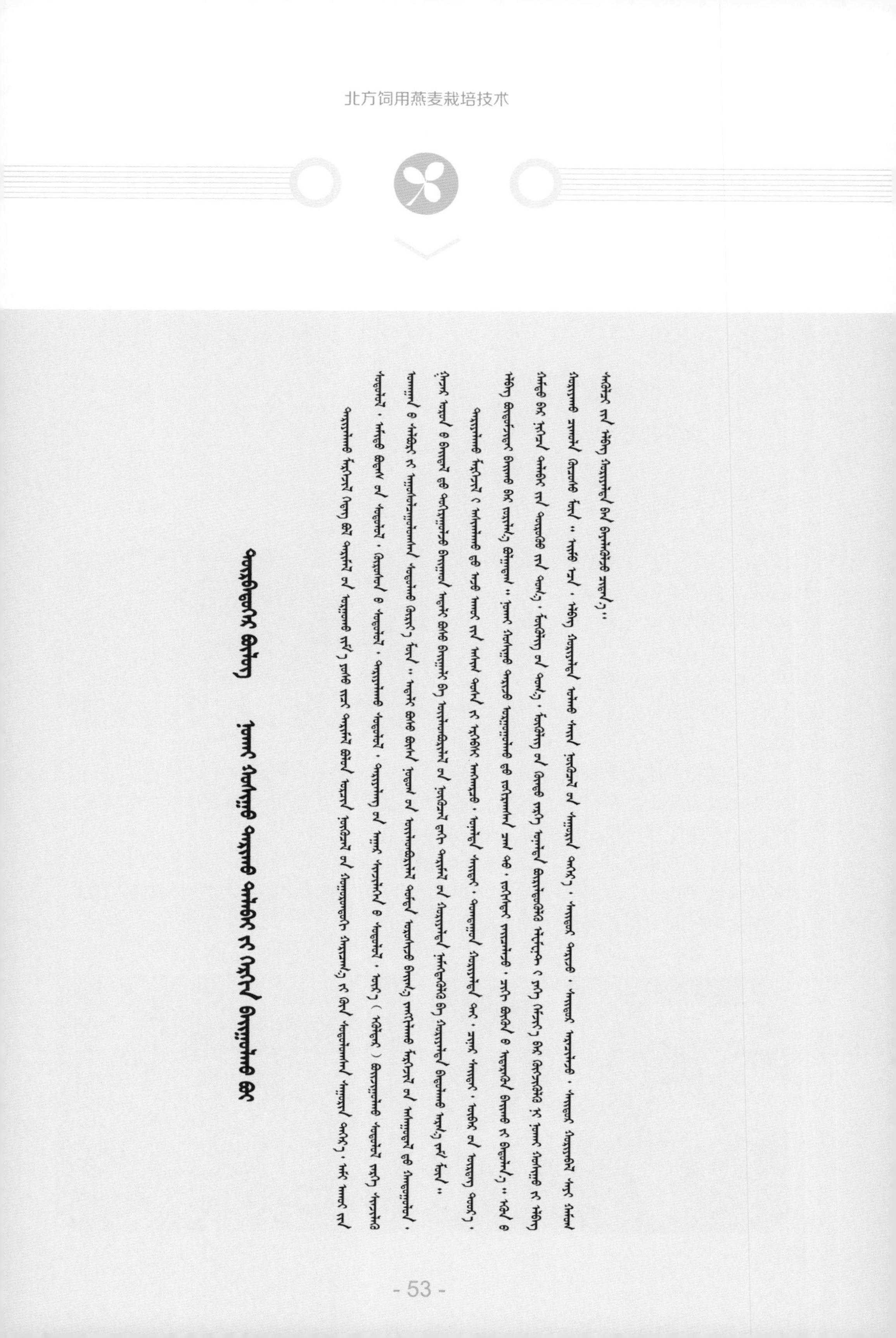

[illegible]

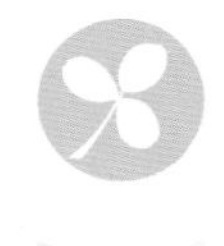

一、地块选择

（一）土壤及肥力水平

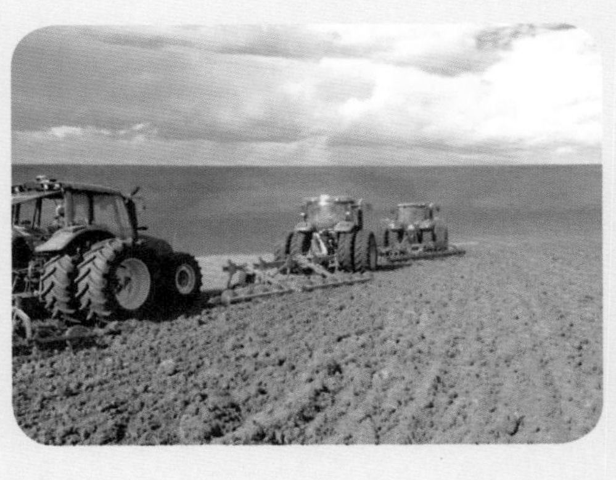

土壤是供给燕麦营养物质的基地，同时土壤的不同性质又直接影响和决定农作物的生长发育状况，耕地质量的好坏，不仅直接影响到播种质量和幼苗生育情况，而且通过深耕、整地还可以改善土壤结构，增强蓄水性和加速土壤熟化，提高土壤肥力，从而促进裸燕麦的生长发育。因此，做好深耕整地对提高燕麦产量有着重要意义。

中等肥力地块比较适合种植燕麦。燕麦对氮肥有良好的反应，前茬作物以豆科植物较为理想。马铃薯、玉米、豆类等都是燕麦的良好的前茬作物。燕麦忌连作，常年连作会导致产量下降，注意倒茬轮作。

燕麦生长初期过多的氮会导致纤维素和木质素积累增多；可溶性碳水化合物含量降低和纤维含量提高会导致饲草品质下降；植株太高容易发生倒伏。因此，燕麦生长初期，不宜使用大量的氮肥。

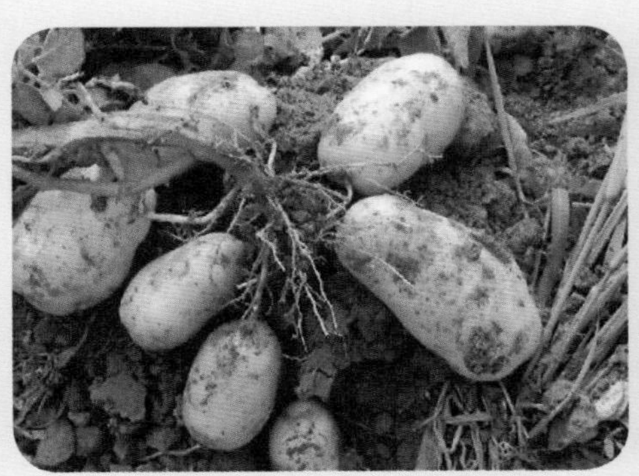

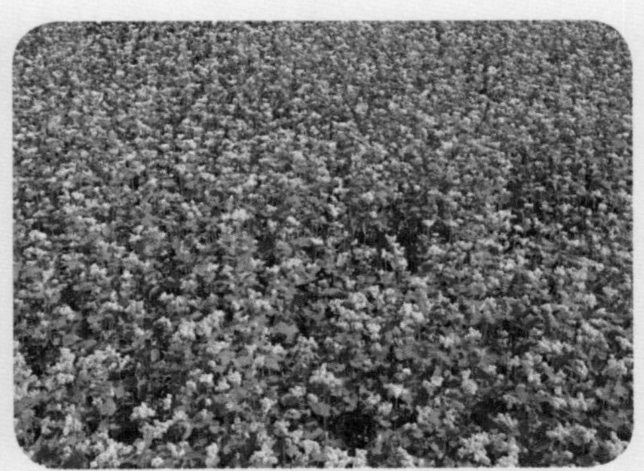

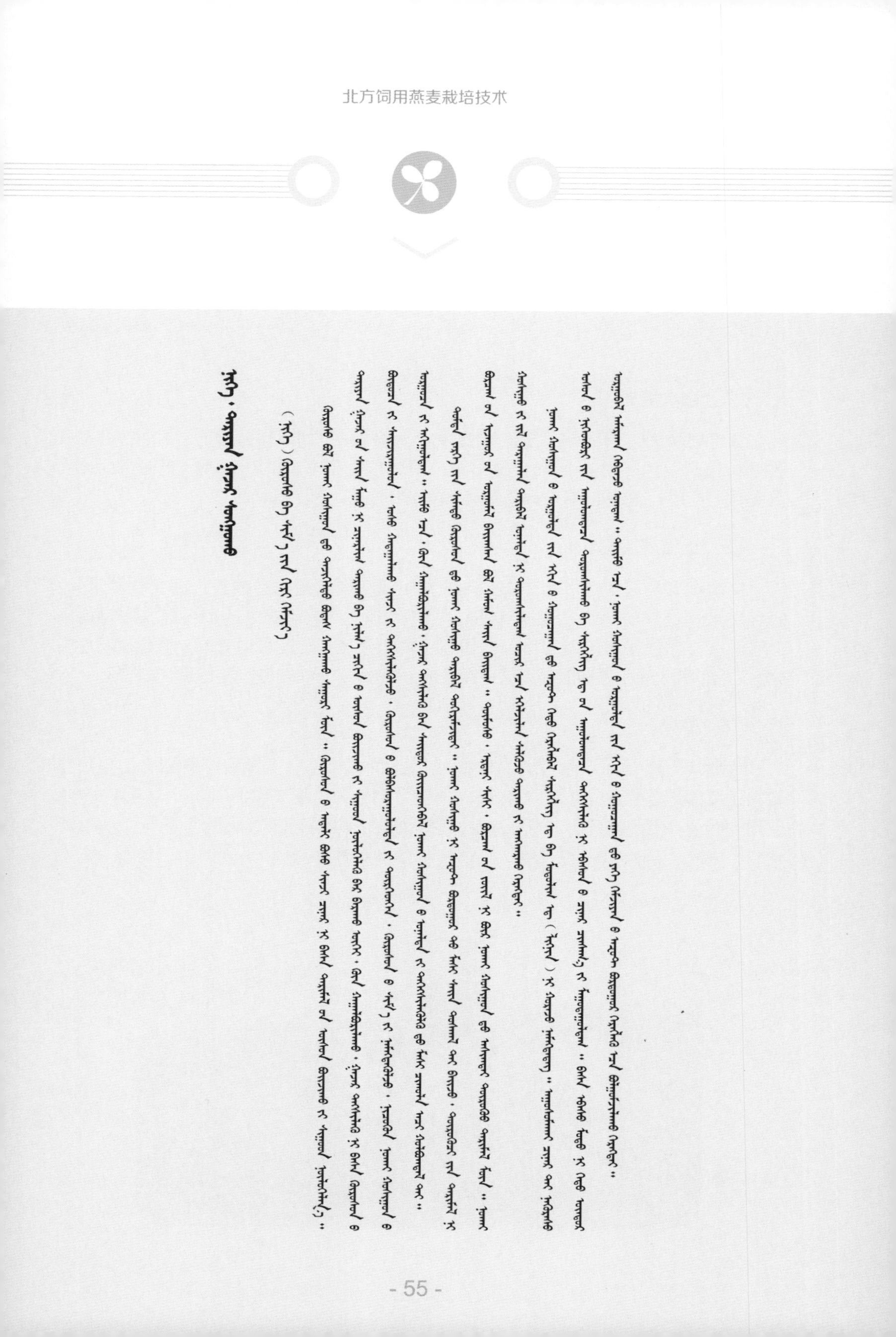

[illegible]

[illegible]

[illegible]

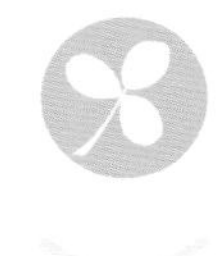

（二）地块坡向

种植地块的方向影响燕麦的成熟度。东西和南北坡向的不同，会导致燕麦成熟时间和遭受风灾时的损失程度不同。阳面接受更多的太阳辐射，作物成熟快。在实际生产中，需要根据坡向选择不同的品种或调整收割时间。

（三）土壤湿度与pH

饲用燕麦是需水较多的作物，不仅种子萌动、发芽比其他谷物需要更多水分，而且在生育过程中耗水量也比其他谷类作物为多。旱地栽培，必须首先注意提高土壤湿度，加强蓄水保墒工作。据研究，饲用燕麦播种时最适宜的土壤相对湿度为34%左右。燕麦对土壤的酸碱度适应性较广，在pH6.0～8.0的土壤上可生长良好。

（四）除杂

选择晴天进行除杂处理，当植物叶片表面水分完全干燥后，喷洒灭生型除草剂农达清除地表植物。农达（有效成分含量41%）用量7 500 mL/hm^2，兑水450 L后均匀喷雾于地表植物，7天后查看药效表现。根据灭除效果酌情进行二次灭除处理。同时，清除地表的石块、塑料膜和作物根茬等。

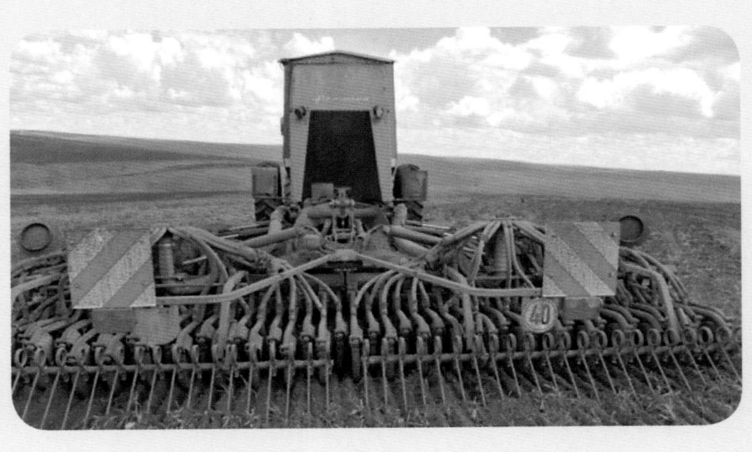

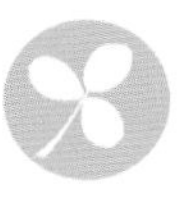

ᠵᠣᠬᠢᠴᠠᠭᠤᠯᠬᠤ ᠬᠡᠷᠡᠭᠲᠡᠢ ::

ᠬᠤᠷᠢᠶᠠᠯᠲᠠ ᠪᠣᠯᠤᠨ ᠤᠨ ᠬᠤᠪᠢᠶᠠᠷᠢᠯᠲᠠ ᠶᠢ ᠲᠡᠭᠰᠢ ᠵᠣᠬᠢᠴᠠᠭᠤᠯᠬᠤ :: ᠬᠥᠷᠰᠦᠨ ᠦ ᠴᠢᠢᠭ ᠤᠨ ᠬᠡᠮᠵᠢᠶ᠎ᠡ ᠬᠠᠩᠭᠠᠯᠳᠠ ᠲᠠᠢ ᠪᠠᠢᠬᠤ ᠬᠡᠷᠡᠭᠲᠡᠢ ᠪᠥᠭᠡᠳ ᠨᠢᠭᠡ ᠬᠢᠯᠤᠭᠠᠨ ᠤ ᠭᠠᠵᠠᠷ ᠲᠤ
450 L ᠤᠰᠤ ᠪᠠᠷ ᠤᠰᠤᠯᠠᠬᠤ ᠬᠥᠷᠰᠦᠨ ᠦ ᠴᠢᠢᠭ ᠤᠨ ᠬᠡᠮᠵᠢᠶ᠎ᠡ ᠶᠢ ᠬᠠᠩᠭᠠᠬᠤ ᠶᠣᠰᠣᠲᠠᠢ ᠃ 7 ᠰᠠᠷ᠎ᠠ ᠳᠤ ᠤᠰᠤ ᠪᠠᠨ ᠬᠠᠩᠭᠠᠬᠤ ᠶᠢ ᠰᠢᠭᠠᠷᠳᠠᠨ᠎ᠠ :: ᠡᠨᠡ ᠬᠤᠭᠤᠴᠠᠭ᠎ᠠ ᠳᠤ
ᠬᠤᠷᠢᠶᠠᠯᠲᠠ ᠶᠢᠨ ᠬᠡᠮᠵᠢᠶ᠎ᠡ ᠃ ᠬᠥᠷᠰᠦᠨ ᠦ ᠴᠢᠢᠭ ᠤᠨ ᠬᠡᠮᠵᠢᠶ᠎ᠡ ᠶᠢ ᠬᠠᠩᠭᠠᠬᠤ ᠶᠢ ᠰᠢᠭᠠᠷᠳᠠᠨ᠎ᠠ :: ᠲᠡᠭᠦᠨ ᠢ (ᠬᠥᠷᠰᠦᠨ ᠦ ᠤᠰᠤ ᠪᠠᠷᠢᠬᠤ ᠴᠢᠳᠠᠪᠬᠢ ᠶᠢᠨ 41%) ᠢ ᠬᠠᠩᠭᠠᠬᠤ ᠳᠤ 7 500 mL/hm² ᠃
ᠤᠰᠤ ᠬᠡᠷᠡᠭᠯᠡᠬᠦ ᠶᠢᠨ ᠬᠠᠮᠲᠤ ᠤᠰᠤ ᠪᠠᠷ ᠬᠠᠩᠭᠠᠬᠤ :: ᠡᠨᠡ ᠨᠢ ᠬᠥᠷᠰᠦᠨ ᠦ ᠴᠢᠢᠭ ᠤᠨ ᠬᠡᠮᠵᠢᠶ᠎ᠡ ᠶᠢ ᠬᠠᠩᠭᠠᠬᠤ ᠶᠢᠨ ᠲᠥᠯᠥᠭᠡ ᠤᠰᠤ ᠬᠠᠩᠭᠠᠬᠤ ᠪᠣᠯᠤᠨ᠎ᠠ ::

(ᠳᠥᠷᠪᠡ) ᠰᠠᠢᠨ ᠤᠷᠭᠤᠬᠤ ᠬᠥᠷᠰᠦ

pH 6.0 ~ 8.0 ᠤᠨ ᠬᠥᠷᠰᠦᠨ ᠳᠦ ᠰᠠᠢᠨ ᠤᠷᠭᠤᠨ᠎ᠠ ::
ᠬᠦᠴᠢᠯᠯᠢᠭ ᠬᠥᠷᠰᠦᠨ ᠦ ᠰᠢᠭᠤᠳ ᠬᠦᠴᠢᠯᠯᠢᠭ 34% ᠬᠦᠷᠲᠡᠯ ᠪᠣᠯᠪᠠᠯ :: ᠲᠡᠭᠦᠨ ᠦ ᠬᠥᠷᠰᠦᠨ ᠦ ᠪᠣᠳᠠᠰ ᠤᠨ ᠳᠡᠭᠡᠷ᠎ᠡ ᠬᠦᠴᠢᠯᠯᠢᠭ ᠤᠨ ᠰᠠᠢᠨ ᠤᠷᠭᠤᠨ᠎ᠠ ᠃
ᠬᠦᠴᠢᠯᠯᠢᠭ ᠢ ᠲᠡᠰᠪᠦᠷᠢᠯᠡᠬᠦ ᠃ ᠤᠷᠭᠤᠮᠠᠯ ᠤᠨ ᠦᠨᠳᠦᠰᠦ ᠶᠢᠨ ᠬᠦᠴᠢᠯᠯᠢᠭ ᠢ ᠪᠠᠭᠤᠷᠠᠭᠤᠯᠬᠤ :: ᠬᠣᠶᠠᠷ ᠲᠤ ᠪᠠᠭᠤᠯᠭᠠᠬᠤ ᠃ ᠬᠥᠷᠰᠦᠨ ᠦ ᠰᠢᠭᠤᠳ ᠤᠨ ᠴᠢᠨᠠᠷ ᠢ
ᠰᠠᠢᠵᠢᠷᠠᠭᠤᠯᠬᠤ ᠃ ᠬᠦᠴᠢᠯ ᠤᠨ ᠬᠡᠮᠵᠢᠶ᠎ᠡ ᠶᠢ ᠬᠡᠲᠦᠷᠡᠬᠦ ᠦᠭᠡᠢ :: ᠬᠦᠴᠢᠯ ᠤᠨ ᠬᠦᠷᠳᠡᠴᠡ ᠃ ᠬᠥᠷᠰᠦᠨ ᠦ ᠬᠦᠴᠢᠯᠯᠢᠭ ᠤᠨ ᠬᠡᠮᠵᠢᠶ᠎ᠡ ᠶᠢ
ᠪᠠᠭᠤᠷᠠᠭᠤᠯᠬᠤ ᠳᠤ ᠰᠠᠢᠨ ᠬᠥᠷᠰᠦ ᠶᠢ ᠰᠣᠩᠭᠣᠬᠤ ᠬᠡᠷᠡᠭᠲᠡᠢ :: ᠡᠩᠭᠡ ᠬᠦᠴᠢᠯᠯᠢᠭ ᠬᠥᠷᠰᠦᠨ ᠳᠦ ᠪᠡᠨ ᠰᠠᠢᠨ ᠤᠷᠭᠤᠬᠤ ᠦᠭᠡᠢ ᠪᠠᠢᠳᠠᠭ

(ᠬᠣᠶᠠᠷ) ᠬᠥᠷᠰᠦᠨ ᠦ ᠬᠦᠴᠢᠯᠯᠢᠭ ᠤᠨ pH

ᠰᠢᠭᠤᠳ ᠤᠨ ᠶᠢᠨ ᠬᠦᠴᠢᠯᠯᠢᠭ ᠬᠡᠷᠡᠭᠲᠡᠢ ::
ᠰᠠᠯᠠᠭᠠᠷ ᠤᠷᠭᠤᠮᠠᠯ ᠤᠨ ᠬᠡᠮᠵᠢᠶ᠎ᠡ ᠶᠢ ᠬᠣᠯᠪᠣᠭᠳᠠᠨ᠎ᠠ :: ᠪᠣᠯᠤᠨ ᠤᠷᠭᠤᠮᠠᠯ ᠤᠨ ᠤᠰᠤ ᠶᠢᠨ ᠬᠡᠷᠡᠭᠴᠡᠶ᠎ᠡ ᠃ ᠬᠥᠷᠰᠦᠨ ᠦ ᠤᠰᠤ ᠶᠢᠨ ᠬᠡᠮᠵᠢᠶ᠎ᠡ ᠪᠠᠢᠨ᠎ᠠ
ᠤᠷᠭᠤᠮᠠᠯ ᠤᠨ ᠪᠣᠯᠪᠠᠰᠤᠷᠠᠯ ᠤᠨ ᠬᠡᠮᠵᠢᠶ᠎ᠡ ᠶᠢᠨ ᠬᠤᠪᠢ ᠳᠤ ᠤᠰᠤ ᠶᠢᠨ ᠬᠡᠷᠡᠭᠴᠡᠶ᠎ᠡ ᠶᠢ ᠬᠠᠩᠭᠠᠨ᠎ᠠ :: ᠤᠰᠤ ᠶᠢᠨ ᠪᠠᠢᠳᠠᠯ ᠢ
ᠰᠠᠢᠨ ᠤᠷᠭᠤᠬᠤ ᠳᠤ ᠬᠥᠷᠰᠦᠨ ᠦ ᠤᠰᠤ ᠶᠢᠨ ᠬᠡᠮᠵᠢᠶ᠎ᠡ ᠶᠢ ᠬᠠᠩᠭᠠᠬᠤ :: ᠬᠥᠷᠰᠦᠨ ᠦ ᠤᠰᠤ ᠶᠢᠨ ᠬᠡᠮᠵᠢᠶ᠎ᠡ ᠶᠢ ᠲᠡᠰᠪᠦᠷᠢᠯᠡᠬᠦ ᠶᠢᠨ ᠲᠥᠯᠥᠭᠡ ᠤᠰᠤ ᠶᠢ

(ᠭᠤᠷᠪᠠ) ᠤᠰᠤᠯᠠᠯ ᠤᠰᠤ ᠶᠢᠨ ᠨᠥᠬᠦᠴᠡᠯ

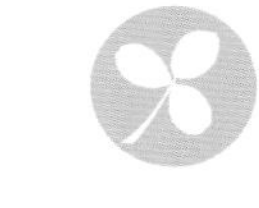

二、地块准备

（一）深耕

深耕是破除因长期浅耕而形成的犁底层，改善了土壤的物理性状，使原耕作层下的土壤容重变小，土壤孔隙度增加改善土壤中水、肥、气、热状况，进而提高土壤肥力。

生产中，想要获得较好的燕麦产量，必须对播种坪床进行精耕细作。争取早耕、深耕，并配合耙、耱、碳、压等保墒措施，对于全苗壮苗，促进根系发育，提高燕麦产量具有重要意义。

燕麦种植前需要进行深耕翻和施肥。北方地区燕麦主要以春播为主，需要在上一年秋季进行秋翻。整地应做到深、细，形成松软、上虚下实的土壤条件。播种前耕深要超过20 cm，耙耱后清理干净各种污染物及作物残茬。

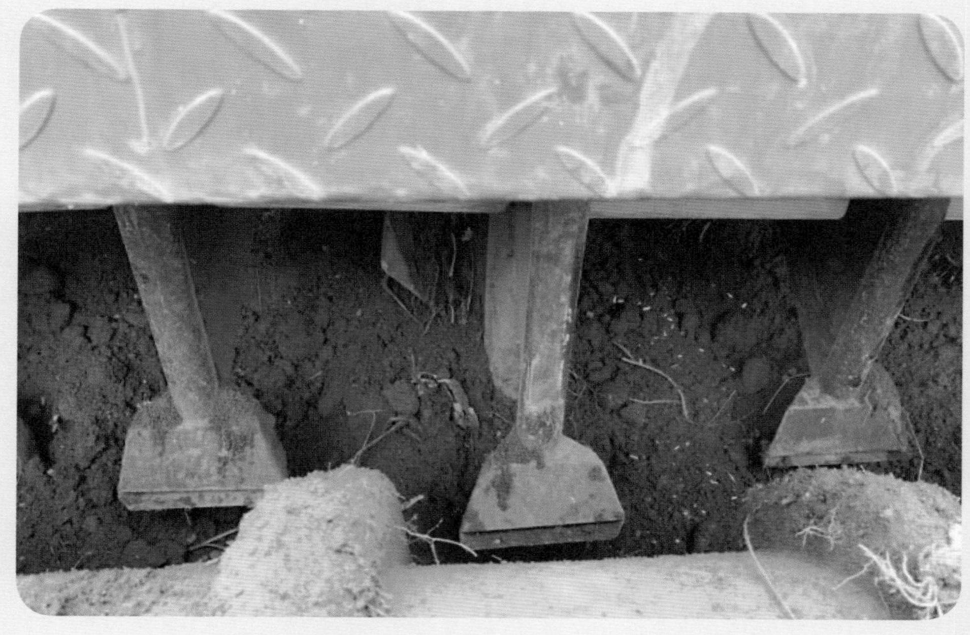

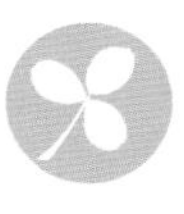

[illegible] 20 cm [illegible]

[illegible]

ᠪᠡᠯᠴᠢᠭᠡᠷ᠂ ᠬᠠᠳᠤᠯᠠᠩ ᠤᠨ ᠠᠰᠢᠭᠯᠠᠯᠲᠠ

(ᠨᠢᠭᠡ) ᠪᠡᠯᠴᠢᠭᠡᠷ ᠠᠰᠢᠭᠯᠠᠬᠤ

[illegible]

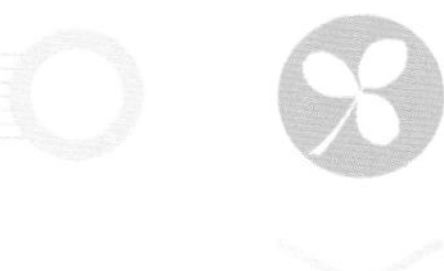

（二）基肥

燕麦生育过程中，需要吸收利用多种有机及无机营养元素。这些营养物质，除来自土壤及其本身合成以外，主要依靠施肥供给。据研究，在土壤肥力较高的滩、水地生产条件下，裸燕麦产量3 000 ～ 3 750 kg/hm^2，需要吸收氮素120 ～ 135 kg/hm^2，五氧化二磷52.5 ～ 60 kg/hm^2；在土壤肥力较低的坡、梁地生产条件下，裸燕麦产量750 ～ 1 125 kg/hm^2，需要吸收氮素30 ～ 37.5 kg/hm^2，五氧化二磷1.5 ～ 18.75 kg/hm^2。无论滩地、坡地，自分蘖至成穗，对氮素和磷酸的吸收量是随着生产进程而逐渐增加的。因此，单靠土壤供给是远远不能满足燕麦的需要，必须根据不同生育时期的需肥量加以补充。

在通常情况下，北方地区燕麦施用基肥一般是施腐熟的农家肥30 ～ 45 m^3/hm^2，施磷酸二胺150 ～ 180 kg/hm^2，要求肥料撒施均匀一致，确保土壤肥力均匀。基肥撒施完成后，使用旋耕机进行旋耕处理，细碎土块，使土壤表层粗细均匀、质地疏松。

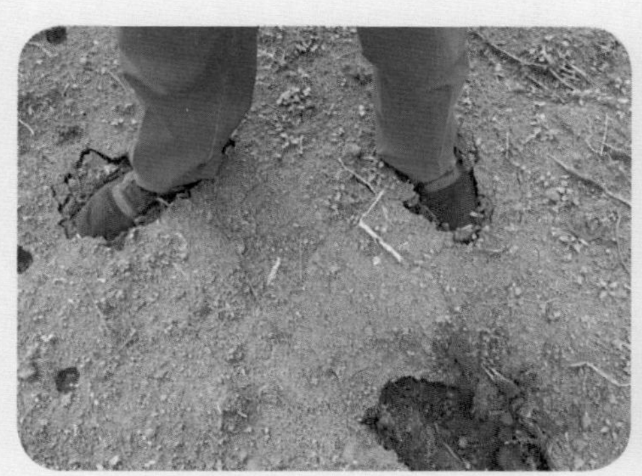

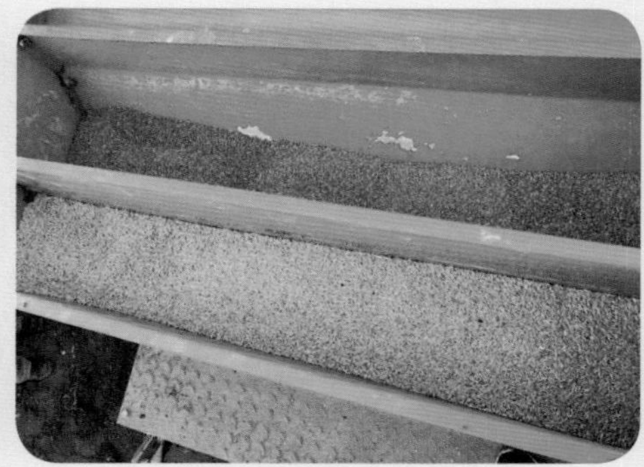

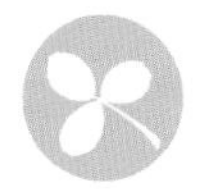

ᠭᠠᠷᠴᠠᠭᠠᠨ ᠤ ᠡᠬᠢᠨ ᠳᠦ ᠬᠤᠪᠢᠶᠠᠷᠢᠯᠠᠨ ᠰᠢᠮᠡᠭᠴᠢᠯᠡᠭᠦᠯᠬᠦ ᠪᠣᠳᠠᠰ ᠤᠨ ᠰᠢᠮᠡᠭᠴᠢᠯᠡᠬᠦ ᠬᠡᠮᠵᠢᠶ᠎ᠡ ᠶᠢ ᠭᠦᠢᠴᠡᠳᠭᠡᠬᠦ ᠂ ᠪᠣᠷᠣᠭᠣᠨ ᠤ ᠤᠷᠤᠰᠬᠠᠯ ᠤᠨ ᠪᠠᠶᠢᠳᠠᠯ ᠢ ᠨᠢᠭᠡᠳᠭᠡᠨ ᠂ ᠪᠤᠰᠤᠳ ᠬᠡᠮᠵᠢᠶ᠎ᠡ ᠪᠡᠷ ᠤᠰᠤᠯᠠᠬᠤ ᠬᠡᠷᠡᠭᠲᠡᠢ ᠃ 150 ~ 180 kg/hm² ᠬᠦᠷᠬᠦ ᠪᠠᠶᠢᠳᠠᠯ ᠢ ᠬᠠᠩᠭᠠᠬᠤ ᠬᠡᠷᠡᠭᠲᠡᠢ ᠃ ᠤᠰᠤᠯᠠᠬᠤ ᠬᠡᠷᠡᠭᠰᠡᠯ ᠦᠨ ᠨᠥᠬᠦᠴᠡᠯ ᠲᠠᠢ ᠭᠠᠵᠠᠷ ᠂ ᠪᠣᠷᠣᠭᠣᠨ ᠤ ᠬᠠᠮᠤᠭ ᠠᠴᠠ ᠪᠠᠭᠠ ᠤᠨ ᠵᠢᠯ ᠳᠦ ᠃ ᠤᠰᠤᠯᠭ᠎ᠠ ᠤᠰᠤᠯᠠᠬᠤ

ᠬᠤᠷ᠎ᠠ ᠶᠢᠨ ᠪᠠᠭᠤᠷᠠᠬᠤ ᠦᠶ᠎ᠡ ᠂ ᠮᠥᠴᠢᠷ ᠭᠠᠷᠬᠤ ᠦᠶ᠎ᠡ ᠳᠦ ᠨᠢᠭᠡ ᠤᠳᠠᠭ᠎ᠠ ᠳᠤ ᠤᠰᠤᠯᠭ᠎ᠠ ᠤᠰᠤᠯᠠᠬᠤ ᠤᠰᠤ 30 ~ 45 m³/hm² ᠪᠣᠯᠭᠠᠨ ᠲᠣᠭᠲᠠᠭᠠᠬᠤ ᠪᠥᠭᠡᠳ ᠤᠰᠤᠯᠭ᠎ᠠ ᠂ ᠤᠰᠤᠯᠭ᠎ᠠ ᠶᠢ ᠬᠢᠨᠠᠬᠤ ᠬᠡᠷᠡᠭᠲᠡᠢ ᠃

ᠰᠤᠷᠤᠭ ᠪᠣᠳᠠᠰ ᠤᠨ ᠨᠢᠭᠡ ᠤᠳᠠᠭ᠎ᠠ ᠳᠤ ᠰᠠᠴᠤᠬᠤ ᠪᠣᠳᠠᠰ ᠲᠠᠢ ᠬᠠᠮᠲᠤ ᠰᠠᠴᠤᠬᠤ ᠪᠣᠳᠠᠰ ᠤᠨ ᠬᠡᠮᠵᠢᠶ᠎ᠡ ᠪᠣᠯ ᠭᠠᠵᠠᠷ ᠤᠨ ᠰᠢᠮᠡᠭᠴᠢᠯᠡᠬᠦ ᠴᠢᠳᠠᠪᠤᠷᠢ ᠶᠢᠨ ᠪᠠᠶᠢᠳᠠᠯ ᠢ ᠪᠣᠳᠣᠯᠴᠠᠭᠠᠨ ᠲᠣᠭᠲᠠᠭᠠᠬᠤ ᠬᠡᠷᠡᠭᠲᠡᠢ ᠃ ᠡᠨᠡ ᠴᠠᠭ ᠂ ᠬᠡᠪᠡᠯ ᠪᠠᠶᠢᠳᠠᠯ ᠳᠤ ᠪᠣᠳᠠᠰ ᠂ ᠮᠢᠴᠤᠪᠢᠨ 30 ~ 37.5 kg/hm² ᠬᠡᠷᠡᠭᠯᠡᠬᠦ ᠂ ᠰᠢᠩᠭᠡᠨ ᠬᠦᠬᠦᠷᠲᠦ ᠶᠢᠨ ᠬᠤᠤᠰ ᠠᠮᠢᠨ 1.5 ~ 18.75 kg/hm² ᠬᠡᠷᠡᠭᠯᠡᠨ᠎ᠡ ᠃ ᠰᠢᠩᠭᠡᠨ ᠬᠦᠬᠦᠷᠲᠦ ᠶᠢᠨ ᠬᠤᠤᠰ ᠠᠮᠢᠨ 52.5 ~ 60 kg/hm² ᠬᠡᠷᠡᠭᠯᠡᠨ᠎ᠡ ᠃ ᠪᠣᠷᠣᠭᠣᠨ ᠤ ᠬᠤᠷ᠎ᠠ ᠶᠢᠨ ᠰᠢᠩᠭᠡᠨ ᠪᠣᠳᠠᠰ ᠂ ᠬᠥᠮᠦᠰ ᠪᠣᠳᠠᠰ 750 ~ 1 125 kg/hm² ᠮᠥᠷᠲᠡᠭᠡᠨ ᠪᠣᠯᠬᠤ ᠂ ᠪᠠᠶᠢᠭᠠᠯ ᠤᠨ ᠪᠣᠳᠠᠰ ᠂ ᠮᠠᠯ ᠤᠨ ᠪᠣᠭᠤᠰᠢ ᠪᠣᠳᠠᠰ ᠤᠨ ᠮᠥᠷᠲᠡᠭᠡᠨ 3 000 ~ 3 750 kg/hm² ᠬᠡᠷᠡᠭᠯᠡᠬᠦ ᠂ ᠮᠢᠴᠤᠪᠢᠨ 120 ~ 135 kg/hm² ᠬᠡᠷᠡᠭᠯᠡᠬᠦ ᠂ ᠪᠣᠳᠠᠰ ᠤᠨ ᠬᠡᠮᠵᠢᠶ᠎ᠡ ᠶᠢ ᠲᠣᠭᠲᠠᠭᠠᠬᠤ ᠳᠤ ᠰᠣᠷᠢᠯᠲᠠ ᠶᠢᠨ ᠬᠡᠮᠵᠢᠶ᠎ᠡ ᠪᠠᠷ ᠪᠣᠯᠭᠠᠨ᠎ᠠ ᠃ ᠰᠣᠷᠢᠯᠲᠠ ᠶᠢᠨ ᠪᠣᠳᠠᠰ ᠢ ᠰᠠᠴᠤᠬᠤ ᠳᠤ ᠬᠡᠷᠡᠭᠯᠡᠨ᠎ᠡ ᠃ ᠪᠣᠳᠣᠭᠢ ᠶᠢᠨ ᠦᠶ᠎ᠡ ᠂ ᠪᠣᠷᠣᠭᠣᠨ ᠤ ᠬᠤᠷ᠎ᠠ ᠶᠢᠨ ᠮᠥᠷᠲᠡᠭᠡᠨ ᠬᠤᠪᠢ

ᠰᠢᠮᠡᠭᠴᠢᠯᠡᠬᠦ ᠶᠢ ᠬᠠᠮᠠᠭᠠᠯᠠᠬᠤ ᠳᠤ ᠬᠦᠷᠲᠡᠯ ᠡᠬᠢᠯᠡᠨ ᠪᠣᠯᠬᠤ ᠭᠠᠵᠠᠷ ᠤᠨ ᠳᠠᠭᠤᠰᠬᠤ ᠳᠤ ᠮᠠᠲᠠᠭᠤ ᠬᠡᠷᠡᠭᠲᠡᠢ ᠃ ᠡᠳᠡᠭᠡᠷ ᠬᠤᠷ᠎ᠠ ᠶᠢᠨ ᠪᠣᠳᠠᠰ ᠢ ᠪᠣᠷᠣᠭᠣᠨ ᠳᠤ

(ᠰᠢᠩᠭᠡᠨ) ᠤᠰᠤᠯᠭ᠎ᠠ ᠤᠰᠤᠯᠠᠬᠤ

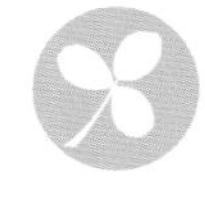

三、种子选择及处理

（一）品种选择

播种前种子处理是栽培技术的重要环节，种子选用国家或省级登记，符合当地的生产条件和需求的燕麦品种。尽量选用籽粒大、饱满、发芽率高、品质好的籽粒。需要播种前对种子进行清选、晾晒和拌种。

清选的方法有风选、筛选、机选和粒选等。一般先进行风选和筛选，利用种子清选机可以同时起到风选和筛选的作用，效果好、效率高。但是，清选机同时清选几个品种时，一定要注意每清选完一个品种需要进行机器的清洗，防止混杂。

晒种的作用主要是提高种子的发芽率和发芽势。种子经过晾晒之后，可以促进种皮的透气性和透水性，进而提高种子的生活力。晒种还能杀死一部分种子表面附着的病菌，减轻某些病害的发生。晒种一般选择在晴天进行，种子铺到平坦而干燥的地方，在阳光下晒3 ～ 4天即可播种。

（二）种子质量

应符合GB6142中划定的2级以上（含2级）的相关要求。

燕麦种子质量标准

级　别	净度（%）	发芽率（%）	其他种子（粒/kg）	水分（%）
一	≥98	≥95	≤200	≤12
二	≥95	≥90	≤500	≤12
三	≥90	≥85	≤1 000	≤12

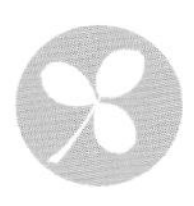
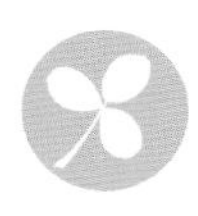

[illegible]

[illegible]	[illegible]	[illegible]	[illegible]
[illegible] (%)	≥98	≥95	≥90
[illegible] (%)	≥95	≥90	≥85
[illegible] ([illegible] /kg)	≤200	≤500	≤1 000
[illegible] (%)	≤12	≤12	≤12

GB6142 [illegible] 2 [illegible] (2 [illegible]) [illegible]

([illegible]) [illegible]

[illegible] 3 ~ 4 [illegible]

[illegible]

[illegible]

[illegible]

[illegible]

[illegible]

([illegible]) [illegible]

[illegible]

（三）种子包衣

播种前3 ～ 5天，进行种子包衣处理防治病虫害。可用占种子重量0.2%的拌种双或多菌灵拌种，可防治燕麦丝黑穗病、锈病等。用甲拌磷原液100 ～ 150 g加3 ～ 4 kg水拌种50 kg，或用占种子重量0.3%的乐果乳剂拌种，可防治黄矮病。地下害虫严重的地区，可用辛硫磷拌种。农药种类的选择应严格按照农药管理的有关规定执行。

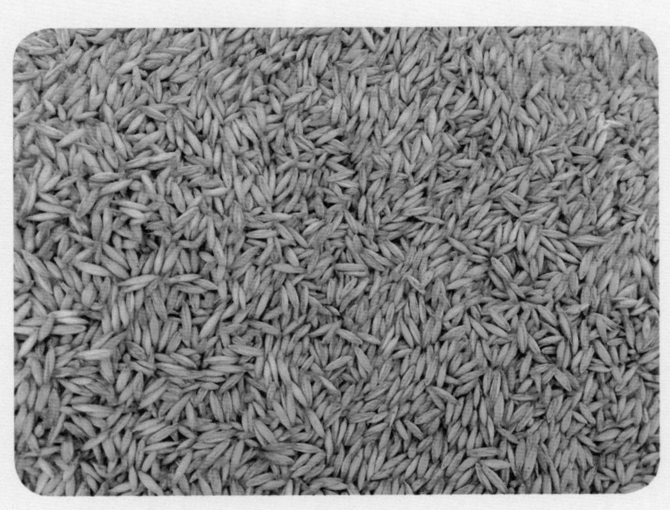

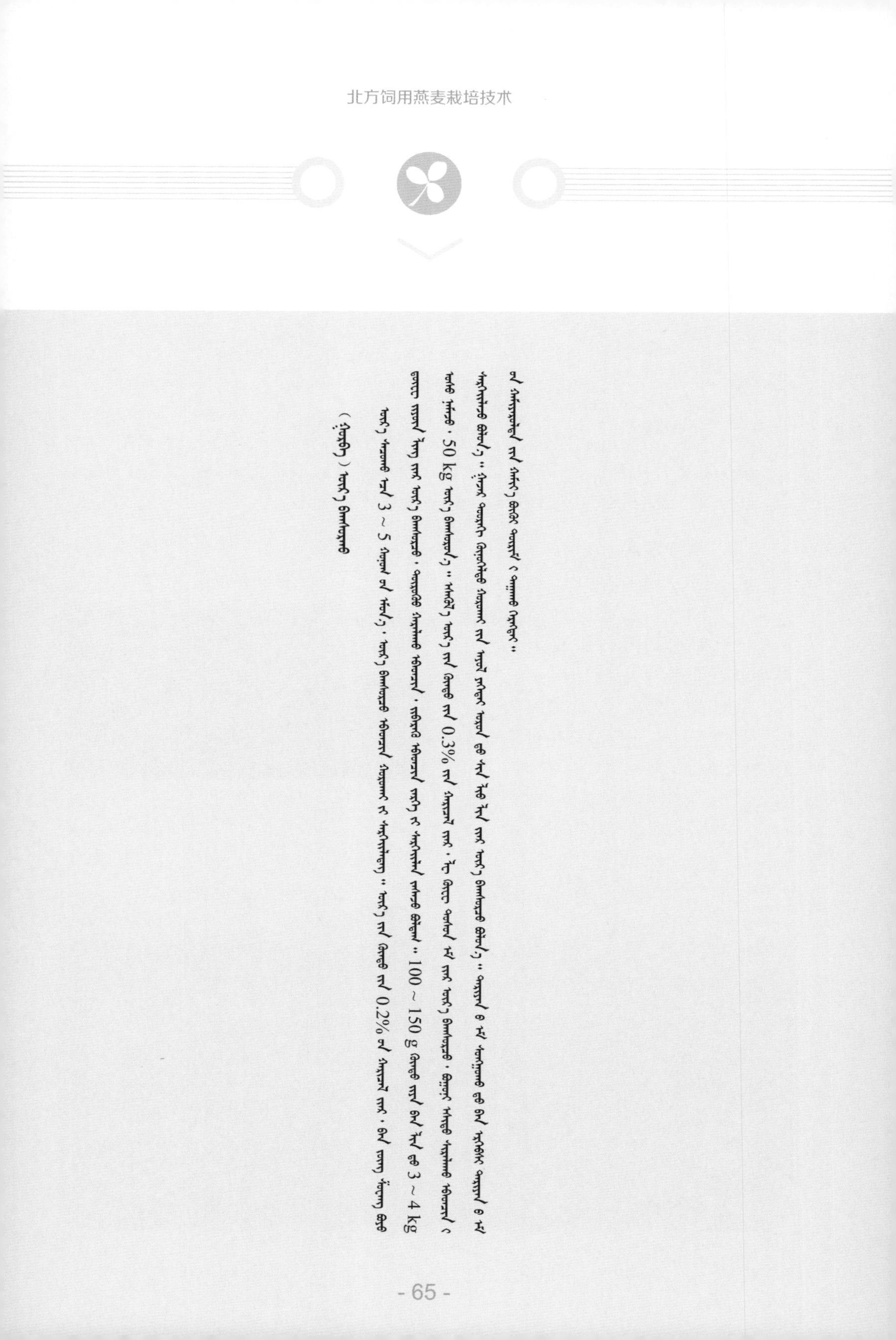

[illegible] ::

[illegible] :: [illegible] :: [illegible]

[illegible] · 50 kg [illegible] :: [illegible] 0.3% [illegible] · [illegible] · [illegible]

[illegible] · [illegible] · [illegible] :: 100 ~ 150 g [illegible] 3 ~ 4 kg

[illegible] 3 ~ 5 [illegible] · [illegible] :: [illegible] 0.2% [illegible] · [illegible]

([illegible]) [illegible]

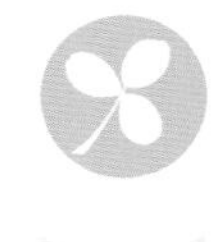

四、播种

（一）播种期

北方以5月初至6月中旬播种为宜。也有部分区域早春种植后，7月下旬收获，进行第二次种植，但建议燕麦不在同一地块连作。

（二）播种方式

燕麦种植主要以窄行条播的方式进行，我国北方主要以机械化条播为主。燕麦播种行距为20～25 cm。条播的优点在于播种均一，出苗整齐，同时省时增效，大幅减轻劳动强度，适用于集中连片规模化种植燕麦的播种方式。

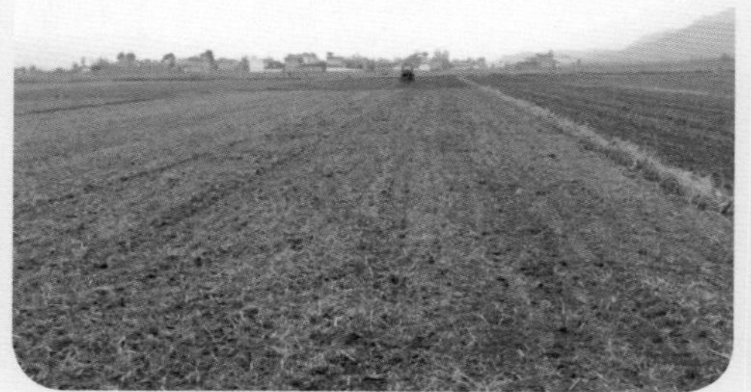

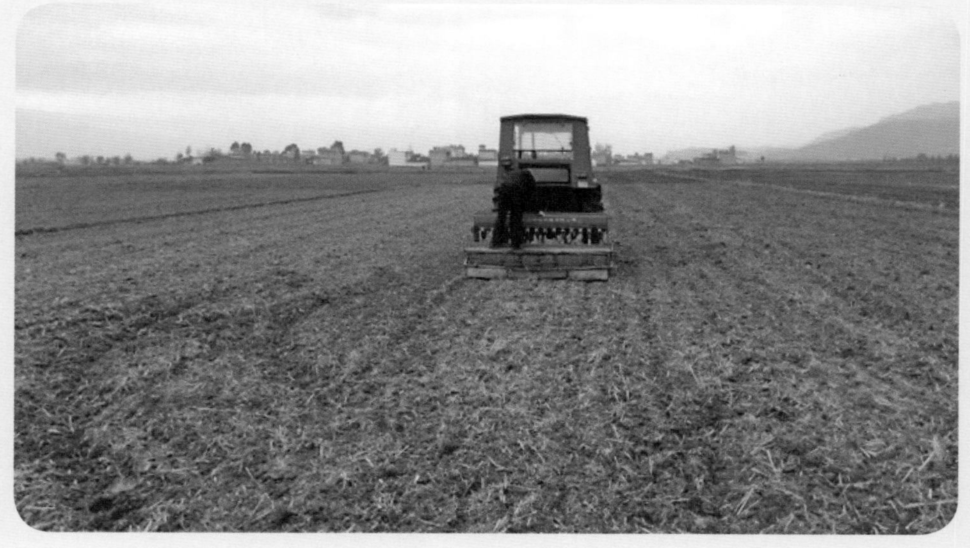

ᠬᠠᠳᠤᠯᠭ᠎ᠠ᠂ ᠤᠷᠭᠤᠴ᠎ᠠ ᠬᠤᠷᠢᠶᠠᠬᠤ

(ᠨᠢᠭᠡ) ᠤᠷᠭᠤᠴ᠎ᠠ ᠬᠤᠷᠢᠶᠠᠬᠤ ᠬᠤᠭᠤᠴᠠᠭ᠎ᠠ

ᠬᠠᠳᠤᠯᠬᠤ ᠬᠤᠭᠤᠴᠠᠭ᠎ᠠ ᠪᠡᠨ 5 ᠳᠤᠭᠠᠷ ᠰᠠᠷ᠎ᠠ ᠶᠢᠨ ᠳᠤᠮᠳᠠ ᠡᠴᠡ 6 ᠳᠤᠭᠠᠷ ᠰᠠᠷ᠎ᠠ ᠶᠢᠨ ᠡᠬᠢᠨ ᠳᠦ ᠬᠠᠳᠤᠯᠤᠭᠰᠠᠨ ᠦᠨᠳᠦᠰᠦᠨ ᠬᠠᠳᠤᠯᠭ᠎ᠠ ᠪᠣᠯᠤᠨ᠎ᠠ :: ᠬᠣᠶᠠᠳᠤᠭᠠᠷ ᠤᠳᠠᠭ᠎ᠠ ᠶᠢᠨ ᠬᠠᠳᠤᠯᠭ᠎ᠠ ᠶᠢ ᠨᠠᠮᠤᠷ ᠤᠨ ᠡᠬᠢᠨ᠂ 7 ᠳᠤᠭᠠᠷ ᠰᠠᠷ᠎ᠠ ᠶᠢᠨ ᠰᠡᠭᠦᠯ ᠳᠦ ᠬᠢᠪᠡᠯ ᠵᠣᠬᠢᠨ᠎ᠠ᠂ ᠡᠨᠡ ᠦᠶ᠎ᠡ ᠳᠦ ᠤᠷᠭᠤᠮᠠᠯ ᠤᠨ ᠨᠠᠰᠤ ᠳᠦ ᠬᠦᠷᠦᠭᠰᠡᠨ ᠪᠠᠢᠬᠤ ᠶᠢᠨ ᠬᠠᠮᠲᠤ ᠭᠠᠵᠠᠷ ᠤᠨ ᠳᠡᠭᠡᠷᠡᠬᠢ ᠤᠷᠭᠤᠮᠠᠯ ᠤᠨ ᠦᠯᠡᠳᠡᠭᠳᠡᠯ ᠨᠢ ᠪᠠᠰᠠ ᠬᠠᠮᠤᠭ ᠤᠨ ᠶᠡᠬᠡ ᠪᠣᠯᠤᠨ᠎ᠠ ::

(ᠬᠣᠶᠠᠷ) ᠬᠠᠳᠤᠯᠬᠤ ᠠᠷᠭ᠎ᠠ

ᠬᠠᠳᠤᠯᠬᠤ ᠳᠤ ᠭᠠᠵᠠᠷ ᠠᠴᠠ ᠦᠯᠡᠳᠡᠭᠡᠬᠦ ᠨᠠᠮᠤᠰᠤ ᠶᠢᠨ ᠥᠨᠳᠦᠷ ᠨᠢ ᠶᠡᠷᠦ ᠶᠢᠨ ᠪᠡᠷ 5~8 cm ᠪᠠᠢᠵᠤ ᠪᠣᠯᠬᠤ ᠪᠥᠭᠡᠳ ᠬᠣᠶᠠᠳᠤᠭᠠᠷ ᠤᠳᠠᠭ᠎ᠠ ᠶᠢᠨ ᠬᠠᠳᠤᠯᠭ᠎ᠠ ᠶᠢᠨ ᠦᠶ᠎ᠡ ᠳᠦ ᠭᠠᠵᠠᠷ ᠠᠴᠠ ᠦᠯᠡᠳᠡᠭᠡᠬᠦ ᠨᠠᠮᠤᠰᠤ ᠶᠢᠨ ᠥᠨᠳᠦᠷ ᠢ ᠶᠡᠷᠦ ᠶᠢᠨ ᠪᠡᠷ 20 ~ 25 cm ᠪᠠᠢᠯᠭᠠᠨ᠎ᠠ :: ᠬᠠᠳᠤᠯᠤᠭᠰᠠᠨ ᠡᠪᠡᠰᠦ ᠶᠢ ᠬᠠᠳᠤᠯᠬᠤ ᠶᠢᠨ ᠬᠠᠮᠲᠤ᠂ ᠬᠠᠢᠷᠴᠠᠭ ᠢ ᠪᠠᠭᠠᠰᠬᠠᠨ᠂ ᠴᠢᠬᠢᠷ ᠢ ᠳᠠᠷᠤᠵᠤ᠂ ᠴᠢᠩᠭ᠎ᠠ ᠳᠦ ᠬᠠᠳᠠᠭᠠᠯᠠᠨ ᠬᠠᠳᠠᠭᠠᠯᠠᠬᠤ ᠶᠢᠨ ᠬᠠᠮᠲᠤ ᠪᠣᠯᠤᠨ᠎ᠠ :: ᠭᠠᠵᠠᠷ ᠠᠴᠠ ᠦᠯᠡᠳᠡᠭᠡᠬᠦ ᠨᠠᠮᠤᠰᠤ ᠶᠢᠨ ᠬᠡᠮᠵᠢᠶ᠎ᠡ ᠨᠢ ᠬᠡᠲᠦ ᠪᠠᠭ᠎ᠠ ᠪᠣᠯᠪᠠᠯ ᠬᠣᠶᠠᠳᠤᠭᠠᠷ ᠤᠳᠠᠭ᠎ᠠ ᠶᠢᠨ ᠰᠡᠷᠭᠦᠭᠡᠯᠲᠡ ᠳᠦ ᠨᠥᠯᠦᠭᠡᠯᠡᠨ᠎ᠡ :: ᠭᠠᠵᠠᠷ ᠠᠴᠠ ᠦᠯᠡᠳᠡᠭᠡᠬᠦ ᠨᠠᠮᠤᠰᠤ ᠶᠢᠨ

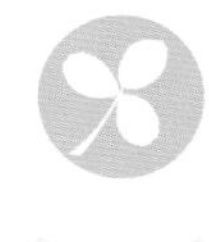

（三）播种深度

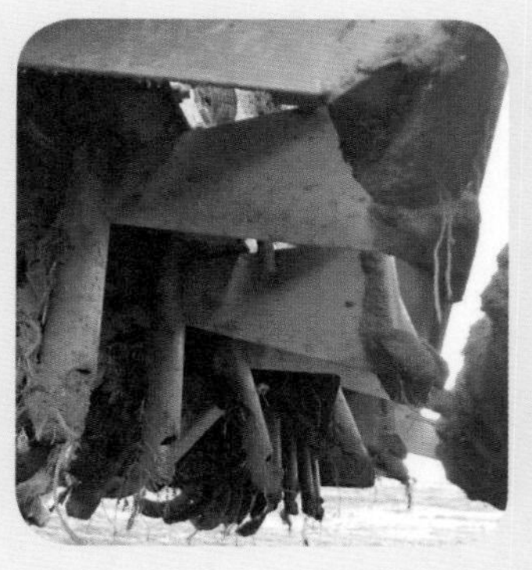

播种深度是指种子在土壤中的埋藏深度。播种过深，幼苗不能冲破土壤而被闷死；播种过浅，水分不足不能发芽。燕麦种子颗粒较大，适宜播种深度为3 ～ 5 cm。

（四）播种量

播种量的多少主要由种子的净度和发芽率来决定。作为干草利用，燕麦播种量为150 ～ 225 kg/hm^2。

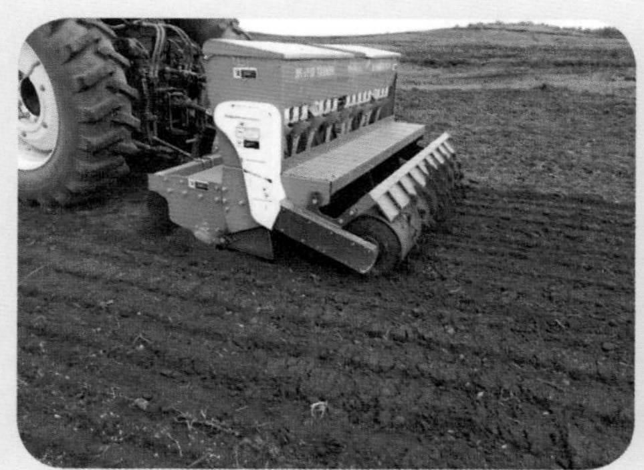

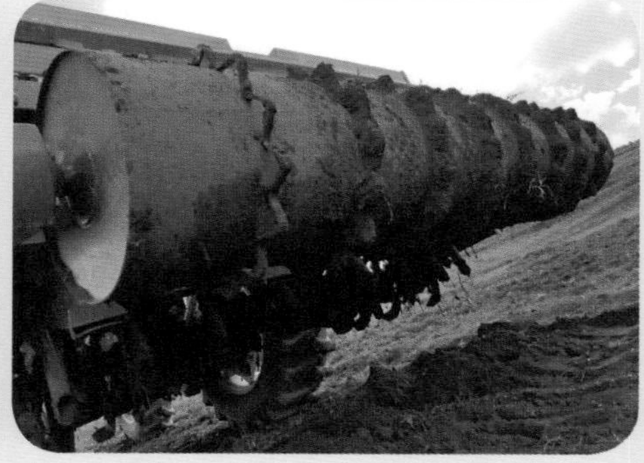

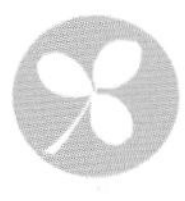

(ᠭᠤᠷᠪᠠ) ᠲᠠᠷᠢᠬᠤ ᠭᠦᠨ

ᠲᠠᠷᠢᠬᠤ ᠭᠦᠨ ᠢ ᠬᠥᠷᠥᠰᠦᠨ ᠦ ᠴᠢᠭ ᠤᠨ ᠪᠠᠢᠳᠠᠯ ᠢ ᠦᠨᠳᠦᠰᠦᠯᠡᠨ ᠲᠣᠭᠲᠠᠭᠠᠨ᠎ᠠ ᠃ ᠬᠥᠷᠥᠰᠦ ᠨᠢ ᠬᠠᠭᠤᠷᠠᠢ ᠪᠣᠯ ᠭᠦᠨ ᠲᠠᠷᠢᠵᠤ ᠂ ᠴᠢᠭ ᠲᠠᠢ ᠪᠣᠯ ᠦᠳᠡᠭᠡᠨ ᠲᠠᠷᠢᠨ᠎ᠠ ᠃ ᠶᠡᠷᠦ ᠶᠢᠨ ᠲᠠᠷᠢᠬᠤ ᠭᠦᠨ ᠢ 3 ~ 5 cm ᠪᠠᠢᠯᠭᠠᠬᠤ ᠨᠢ ᠲᠣᠬᠢᠷᠠᠮᠵᠢᠲᠠᠢ ᠃

(ᠳᠥᠷᠪᠡ) ᠲᠠᠷᠢᠬᠤ ᠬᠡᠮᠵᠢᠶ᠎ᠡ

ᠲᠠᠷᠢᠬᠤ ᠬᠡᠮᠵᠢᠶ᠎ᠡ ᠶᠢ ᠬᠥᠷᠥᠰᠦᠨ ᠦ ᠦᠷᠭᠦᠵᠢᠯ ᠪᠣᠯᠤᠨ ᠤᠰᠤᠯᠠᠯᠲᠠ ᠶᠢᠨ ᠨᠥᠬᠦᠴᠡᠯ ᠢ ᠦᠨᠳᠦᠰᠦᠯᠡᠨ ᠲᠣᠭᠲᠠᠭᠠᠨ᠎ᠠ ᠃ ᠶᠡᠷᠦ ᠶᠢᠨ ᠲᠠᠷᠢᠬᠤ ᠬᠡᠮᠵᠢᠶ᠎ᠡ ᠶᠢ 150 ~ 225 kg/hm² ᠪᠣᠯᠭᠠᠨ᠎ᠠ ᠃

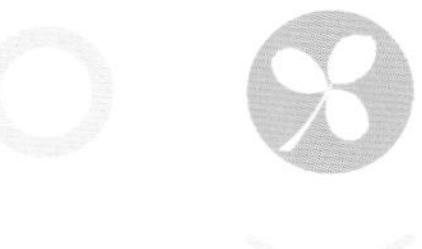

第五章　怎样管理燕麦

一、田间管理

燕麦田间管理水平直接决定着燕麦的产量与品质。田间管理的任务就是根据燕麦的生物学特性及其在不同生育阶段对环境条件的不同要求和外部形态的表现，及时采用相应的技术措施。本书主要概述针对我国北方地区旱作条件下饲用燕麦的田间管理。

（一）施肥管理

燕麦分蘖期需要进行追肥，主要以尿素为主，平均施肥量为120 ～ 150 kg/hm^{2}为宜。也可施加氮磷复合肥150 kg/hm^2，以供给幼穗分化阶段对养分的需要。追肥需要结合灌溉、降雨等才能充分发挥效果。

（二）中耕除草

中耕除草要掌握“由浅到深，除早、除小、除了”的原则。幼苗4叶期时，第1次中耕要浅锄、细锄、不埋苗，消灭杂草，破除板结，提高地温；第2次中耕在分蘖后拔节前进行；第3次中耕的适宜期是拔节后封垄前，借助中耕适当培土，可起到壮秆防倒作用。

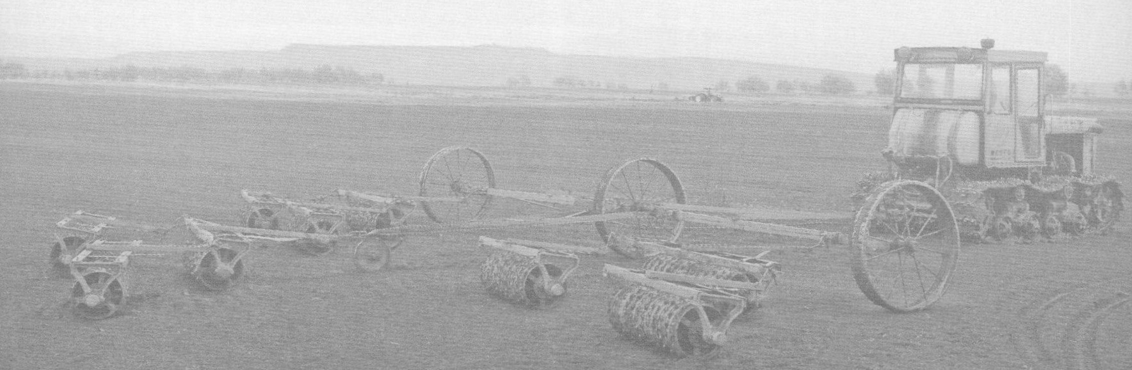

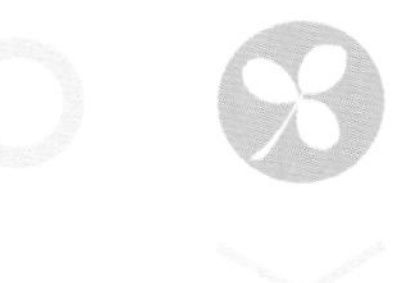

（三）杂草防除

杂草在燕麦种植过程中是非常严重问题之一，中耕可与化学药剂除草结合进行，既可减少中耕次数，又能节省大量劳力。化学除草药剂主要有二甲四氯、2，4–D丁酯等。化学药剂喷药时间，应在杂草对药剂反应敏感而饲用燕麦抗药性强的安浇水全时间内进行，一般在分蘖后期至拔节前期。如若喷药时间不当、用药过量就会产生药害。

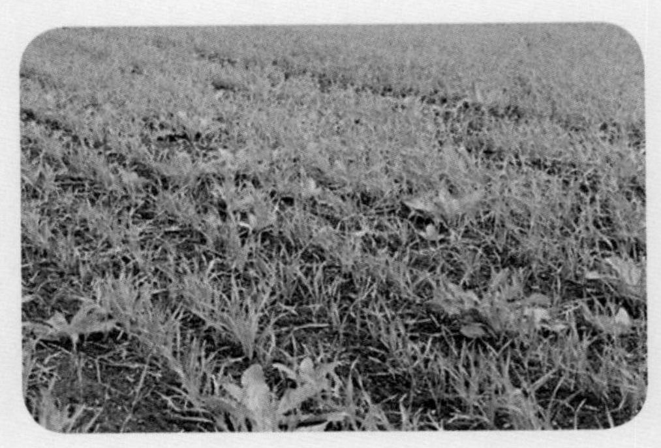

燕麦分蘖期是杂草防除的关键时期，即苗后在燕麦第二个茎节出现时喷除草剂，可用72%的2，4–D丁酯乳油900 mL/hm^{2}于无风、无雨、无露水的天气喷施。农药种类的选择应严格按照农药管理的有关规定执行。

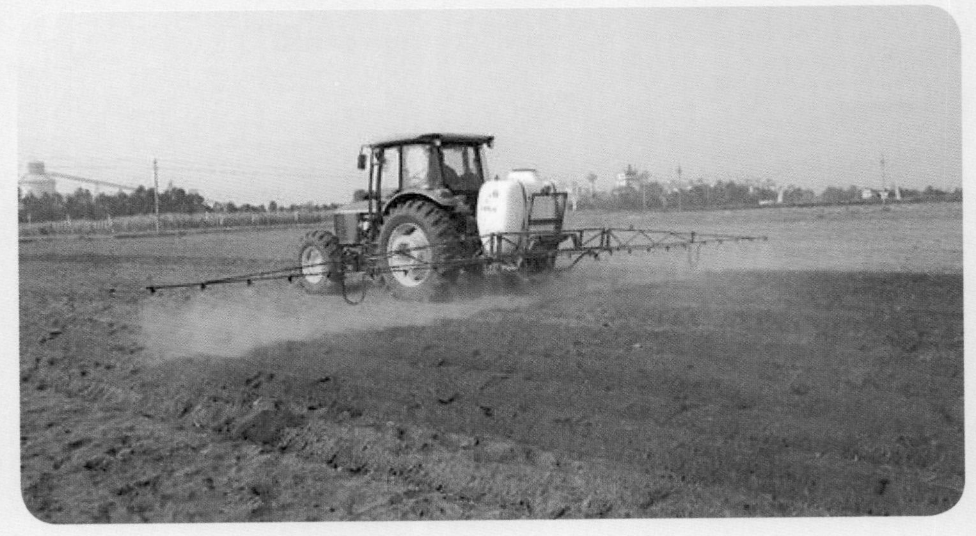

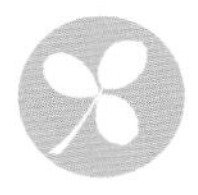

(ᠳᠥᠷᠪᠡ) ᠰᠤᠯᠢ ᠲᠠᠷᠢᠶ᠎ᠠ ᠶᠢᠨ ᠬᠣᠣᠷᠲᠤ ᠡᠪᠡᠰᠦ ᠶᠢ ᠠᠷᠢᠯᠭᠠᠬᠤ

ᠰᠤᠯᠢ ᠲᠠᠷᠢᠶ᠎ᠠ ᠶᠢᠨ ᠲᠠᠷᠢᠯᠠᠩ ᠳᠤ ᠬᠣᠣᠷᠲᠤ ᠡᠪᠡᠰᠦ ᠨᠢ ᠣᠯᠠᠨ ᠪᠠᠢᠳᠠᠭ ᠪᠥᠭᠡᠳ ᠰᠤᠯᠢ ᠲᠠᠷᠢᠶ᠎ᠠ ᠶᠢᠨ ᠦᠷᠭᠦᠵᠢᠯ ᠳᠦ ᠨᠥᠯᠦᠭᠡᠯᠡᠨ᠎ᠡ ᠃ ᠬᠣᠣᠷᠲᠤ ᠡᠪᠡᠰᠦ ᠶᠢ ᠠᠷᠢᠯᠭᠠᠬᠤ ᠳᠤ ᠭᠠᠷ ᠢᠶᠠᠷ ᠪᠣᠯᠣᠨ ᠮᠠᠰᠢᠨ ᠢᠶᠠᠷ ᠰᠤᠯᠠᠯᠠᠬᠤ ᠠᠷᠭ᠎ᠠ ᠶᠢ ᠬᠡᠷᠡᠭᠯᠡᠵᠦ ᠪᠣᠯᠬᠤ ᠪᠥᠭᠡᠳ ᠂ ᠡᠮ ᠣᠷᠣᠰᠢᠭᠤᠯᠬᠤ ᠠᠷᠭ᠎ᠠ ᠶᠢ ᠬᠡᠷᠡᠭᠯᠡᠵᠦ ᠪᠣᠯᠤᠨ᠎ᠠ ᠃ 2 , 4 - D ᠪᠤᠲᠢᠯ ᠡᠰᠲ᠋ᠧᠷ ᠢ ᠬᠡᠷᠡᠭᠯᠡᠬᠦ ᠳᠤ ᠰᠤᠯᠢ ᠲᠠᠷᠢᠶ᠎ᠠ ᠶᠢᠨ 3 ~ 5 ᠨᠠᠪᠴᠢᠲᠤ ᠦᠶ᠎ᠡ ᠳᠦ ᠴᠠᠴᠤᠨ ᠬᠡᠷᠡᠭᠯᠡᠬᠦ ᠨᠢ ᠵᠣᠬᠢᠰᠲᠠᠢ ᠃

ᠭᠡᠬᠡᠷᠡᠭᠰᠡᠨ ᠨᠢ ᠬᠡᠷᠡᠭᠯᠡᠬᠦ ᠳᠤ ᠭᠡᠬᠡᠷᠡᠭᠰᠡᠨ ᠪᠣᠯᠭᠠᠨ ᠢ ᠬᠡᠷᠡᠭᠯᠡᠬᠦ ᠲᠠᠢ 72% ᠲᠠᠢ 2 , 4 - D ᠪᠤᠲᠢᠯ ᠡᠰᠲ᠋ᠧᠷ ᠢ 900 mL/hm² ᠢᠶᠠᠷ ᠤᠰᠤ ᠨᠡᠮᠡᠨ ᠰᠠᠴᠤᠵᠤ ᠂ ᠬᠡᠷᠡᠭᠯᠡᠬᠦ ᠂ ᠬᠣᠣᠷᠲᠤ ᠡᠪᠡᠰᠦ ᠶᠢ ᠤᠰᠠᠳᠬᠠᠬᠤ ᠳᠤ ᠰᠠᠶᠢᠨ ᠦᠷ᠎ᠡ ᠳᠦᠩ ᠲᠠᠢ ᠪᠠᠢᠳᠠᠭ ᠃ ᠡᠮ ᠣᠷᠣᠰᠢᠭᠤᠯᠬᠤ ᠳᠤ ᠰᠠᠯᠬᠢ ᠦᠭᠡᠢ ᠴᠠᠭ ᠢ ᠰᠣᠩᠭᠣᠬᠤ ᠬᠡᠷᠡᠭᠲᠡᠢ ᠃

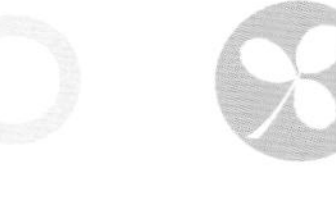

（四）常见杂草种类

1. 狗尾草

形态特征：狗尾草属，株高10 ～ 100 cm，秆疏丛生。叶扁平，狭披针形，先端渐尖，基部钝圆形，呈截状或渐窄，叶鞘光滑，鞘口有柔毛。小穗刚毛绿色或紫色。圆锥花序紧密，呈圆柱状或基部稍疏离，直立或稍弯垂。颖果灰白色。

防除方法：土壤处理，燕麦播后苗前禾耐斯乳油、金都尔乳油、都尔乳油、地乐胺乳油；茎叶处理，燕麦3 ～ 5片、杂草3 ～ 5叶期，精稳杀得乳油、高效盖草能乳油、威霸水乳剂、收乐通乳油。

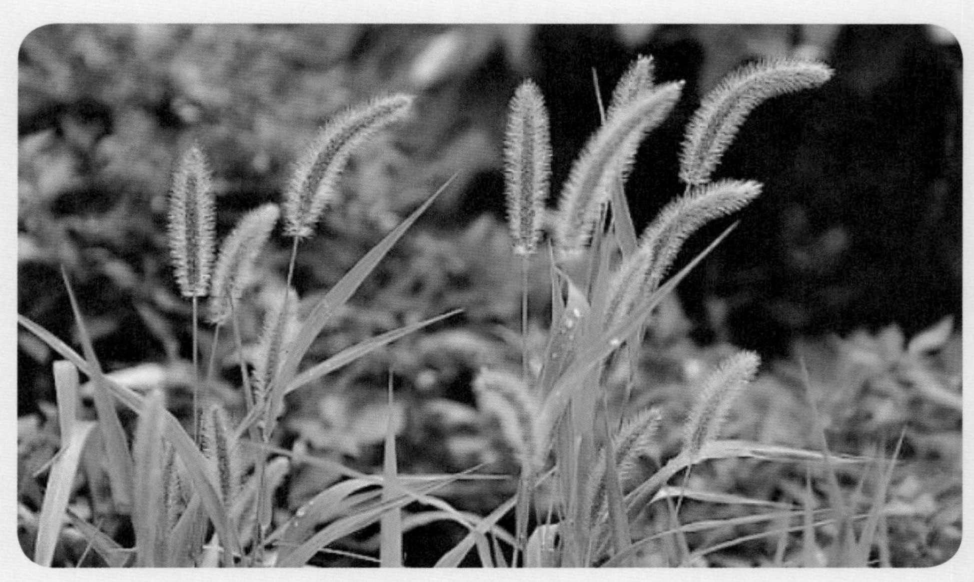

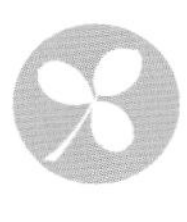

[illegible] ::

[illegible] 3 ~ 5 [illegible] 3 ~ 5 [illegible]

[illegible] ::

[illegible] 10 ~ 100 cm [illegible] ::

1. [illegible]

([illegible]) [illegible]

2. 猪毛菜

形态特征：一年生草本，茎自基部分枝，枝互生，茎、枝绿色，有白色或紫红色条纹，生短硬毛或近于无毛。叶片丝状、圆柱形，伸展或微弯曲，生短硬毛，顶端有刺状尖，基部边缘膜质，稍扩展而下延。花序穗状，生枝条上部。花被片卵状披针形，膜质，顶端尖，果时变硬，自背面中上部生鸡冠状突起。花被片在突起以上部分，近革质，顶端为膜质，向中央折曲成平面，紧贴果实，有时在中央聚集成小圆锥体；花药长1 ～ 1.5 mm；柱头丝状，长为花柱的1.5 ～ 2倍。种子横生或斜生。花期7 ～ 9月。

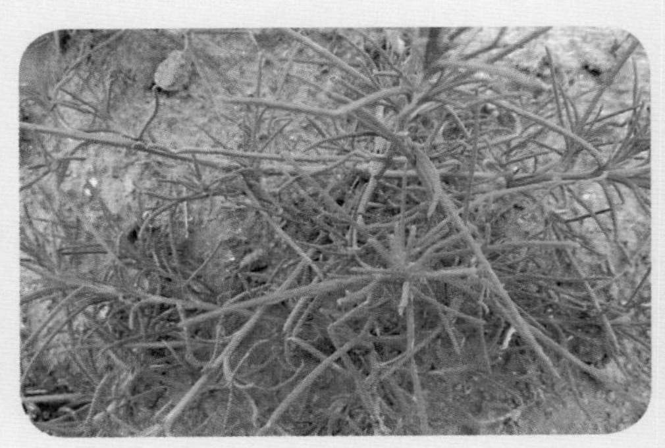

防除方法：播后苗前扑草净、二甲戊灵。也有试验证明，草阳（唑草酮、苯磺隆复配可湿性粉剂）450 g/hm^2、博阑（二甲四氯、氯氟吡氧乙酸复配乳油）1 500 mL/hm^{2}有较好效果。幼龄杂草适当降低用量。

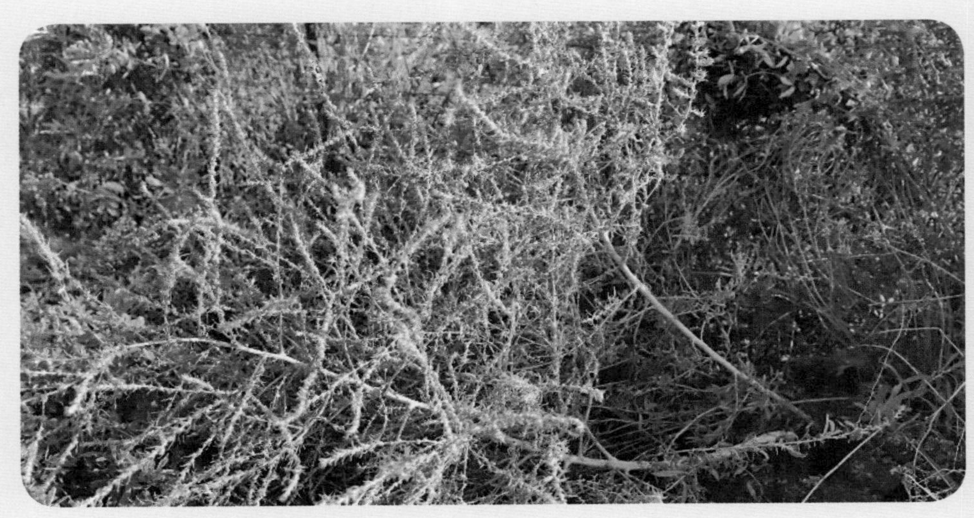

[illegible]) 1 500 mL/hm^2 [illegible]

([illegible]) 450 g/hm^2 [illegible]

[illegible] 7 ~ 9 [illegible]

1 ~ 1.5 mm [illegible] 1.5 ~ 2 [illegible]

[illegible]

2. [illegible]

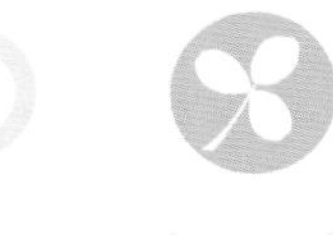

3. 藜

形态特征：一年生草本，高30 ～ 150 cm。茎直立，粗壮，具条棱及绿色或紫红色色条，分枝多。叶片菱状卵形至宽披针形，长3 ～ 6 cm，宽2.5 ～ 5 cm，先端急尖或微钝，基部楔形至宽楔形，上面通常无粉，有时嫩叶的上面有紫红色粉，下面多少有粉，边缘具不整齐锯齿；叶柄与叶片近等长。果皮与种子贴生。种子横生，双凸镜状，直径1.2 ～ 1.5 mm，边缘钝，黑色，有光泽，表面具浅沟纹；胚环形。花果期5 ～ 10月。全草黄绿色。茎具条棱。叶片皱缩破碎，完整者展平，呈菱状卵形至宽披针形，叶上表面黄绿色，叶下表面灰黄绿色，被粉粒，边缘具不整齐锯齿；叶柄长约3 cm。圆锥花序腋生或顶生，花期5 ～ 9月。

防除方法：草阳（唑草酮、苯磺隆复配可湿性粉剂）450 g/hm^2；博阑（二甲四氯、氯氟吡氧乙酸复配乳油）1 500 mL/hm^2，幼龄杂草适当降低用量。土壤处理，燕麦播后苗前阔草清水分散粒剂、地乐胺乳油；茎叶处理，燕麦3 ～ 5片，杂草幼苗期，豆草特水剂、普施特水剂。

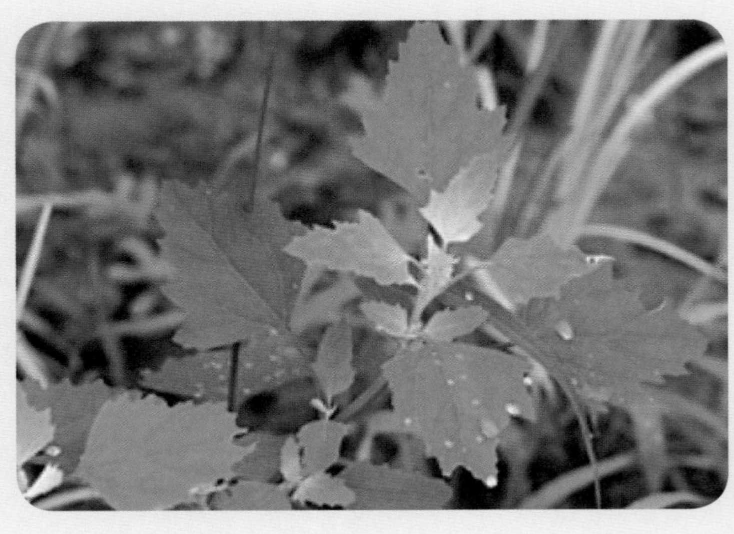

3. ᠲᠠᠷᠢᠯᠭ᠎ᠠ

[illegible]

[illegible]

[illegible]

4. 苣荬菜

形态特征：菊科，苦苣菜属多年生草本植物。茎直立，高可达150 cm，有细条纹，基生叶多数，叶片偏斜半椭圆形、椭圆形、卵形、偏斜卵形、偏斜三角形、半圆形或耳状，顶裂片稍大，长卵形、椭圆形或长卵状椭圆形；头状花序在茎枝顶端排成伞房状花序。总苞钟状，苞片外层披针形，舌状小花多数，黄色。瘦果稍扁，长椭圆形，冠毛白色。1～9月开花结果。

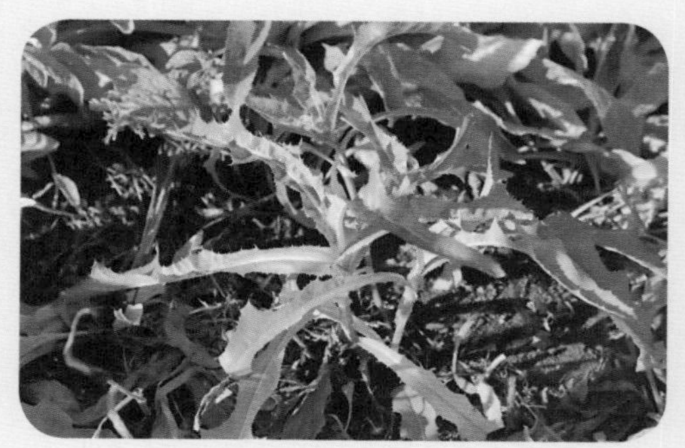

防除方法：菊斗（二氯吡啶酸水剂）750～1 500 mL/hm²；博阑（二甲四氯、氯氟吡氧乙酸复配乳油）750～1 500 mL/hm²，幼龄杂草按低剂量使用，老龄杂草按高剂量使用。也有苗后3～5叶期试验采用烟嘧磺隆防除苣荬菜。

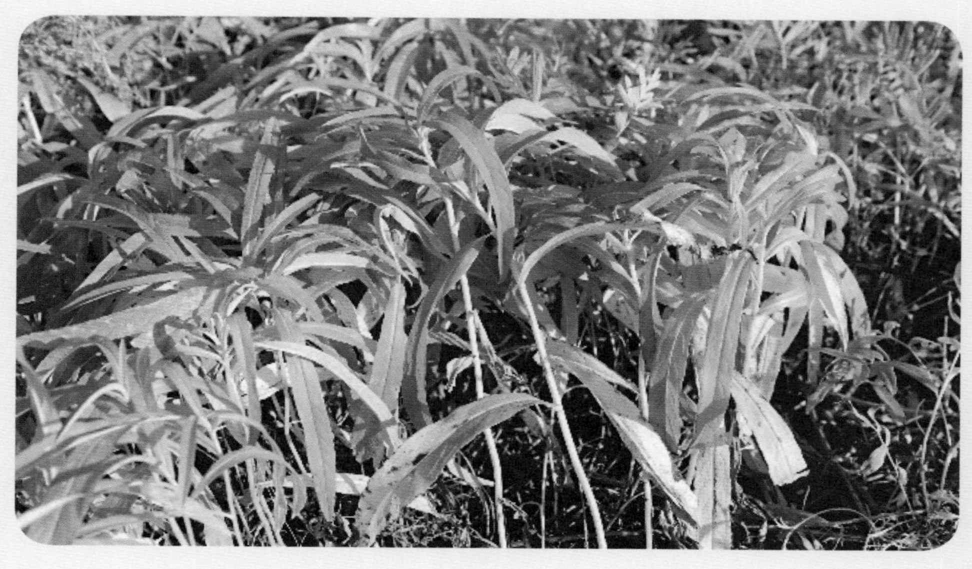

ᠭᠡᠷ ᠬᠡᠷᠡᠭᠯᠡᠭᠰᠡᠨ ᠭᠠᠷᠭᠠᠯ ᠤᠨ ᠬᠡ) 750～1 500 mL/hm² ᠬᠡᠷᠡᠭᠯᠡᠨ᠎ᠡ ᠃ ᠮᠥᠨ ᠳᠠᠭᠠ ᠬᠣᠷᠤ ᠮᠡᠳᠡᠬᠦ ᠡᠮ ᠦᠨ ᠬᠡᠷᠡᠭᠯᠡᠬᠦ ᠬᠡᠮᠵᠢᠶ᠎ᠡ ᠪᠠᠨ ᠪᠠᠭᠤᠷᠠᠭᠤᠯᠵᠤ ᠂ ᠤᠰᠤᠯᠠᠯᠲᠠ ᠶᠢᠨ ᠬᠣᠷᠤ ᠮᠡᠳᠡᠬᠦ ᠡᠮ ᠦᠨ ᠪᠣᠳᠤᠰ ᠢ ᠰᠠᠶᠢᠵᠢᠷᠠᠭᠤᠯᠬᠤ ᠬᠡᠷᠡᠭᠲᠡᠢ

ᠠᠷᠢᠯᠭᠠᠬᠤ ᠡᠮ ᠢ ᠬᠡᠷᠡᠭᠯᠡᠨ᠎ᠡ : ᠭᠡᠬᠦ ᠮᠡᠲᠦ (ᠡᠰᠡᠪᠡᠯ ᠳᠤᠷᠠ ᠪᠠ ᠰᠢᠩᠭᠡᠨ ᠵᠢᠭᠠᠭ ᠤᠨ ᠭᠠᠷᠭᠠᠯ ᠤᠨ ᠬᠡ) 750～1 500 mL/hm² ᠂ ᠪᠤᠰᠤ ᠡᠮ (ᠡᠰᠡᠪᠡᠯ ᠨᠢᠭᠡ ᠳᠤᠷᠠ ᠂ ᠳᠤᠷᠠ ᠪᠠ ᠰᠢᠩᠭᠡᠨ ᠵᠢᠭᠠᠭ ᠤᠨ ᠬᠡ

ᠬᠠᠮᠢᠭ ᠣᠯᠠᠨ ᠪᠣᠯ ᠮᠥᠨ ᠬᠡᠷᠡᠭᠯᠡᠭᠡ : ᠮᠥᠨᠳᠡᠭᠡᠨ ᠦ ᠮᠥᠨ ᠬᠡᠷᠡᠭᠯᠡᠭᠡ ᠂ ᠮᠥᠨ ᠭᠠᠵᠠᠷ ᠤᠨ ᠬᠡᠮᠵᠢᠶ᠎ᠡ ᠂ ᠮᠥᠨ ᠢ ᠬᠡᠷᠡᠭᠯᠡᠬᠦ ᠂ ᠪᠣᠯᠤᠨ ᠤ ᠮᠥᠨ ᠢ 150 cm

5. 反枝苋

形态特征：是苋科、苋属一年生草本植物，高可达1 m多。茎粗壮直立，淡绿色，叶片菱状卵形或椭圆状卵形，顶端锐尖或尖凹，基部楔形，两面及边缘有柔毛，下面毛较密；叶柄淡绿色，有柔毛。圆锥花序顶生及腋生，直立，顶生花穗较侧生者长；苞片及小苞片钻形，白色，花被片矩圆形或矩圆状倒卵形，白色，胞果扁卵形，薄膜质，淡绿色，种子近球形，边缘钝。7～8月开花，8～9月结果。

防除方法：土壤处理，燕麦播种后出苗前80%阔草清水分散粒剂、48%地乐胺乳油；茎叶处理，燕麦3～5片叶，杂草幼苗期苯达松水剂、高特克悬浮剂。也有试验证明阔功（灭草松水剂）1 500 mL/hm^2；草阳（唑草酮、苯磺隆复配可湿性粉剂）300～450 g/hm^2；博阑（二甲四氯、氯氟吡氧乙酸复配乳油）1 500 mL/hm^2，幼龄杂草适当降低用量。

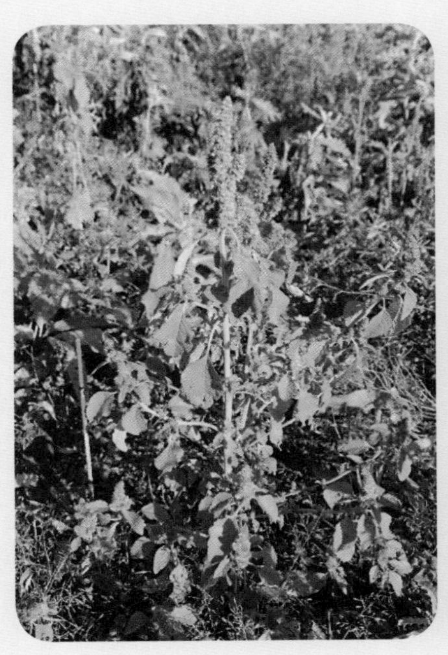

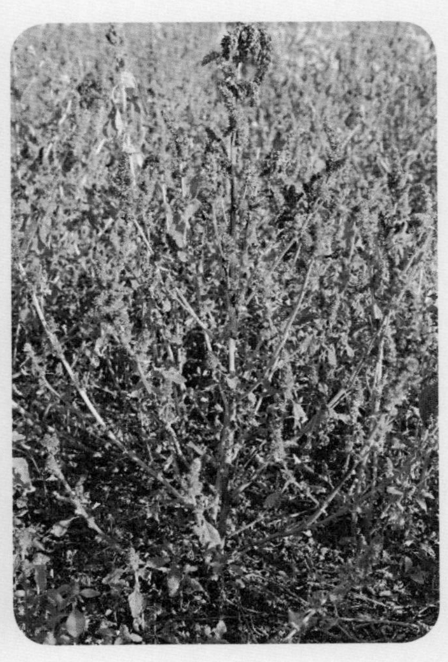

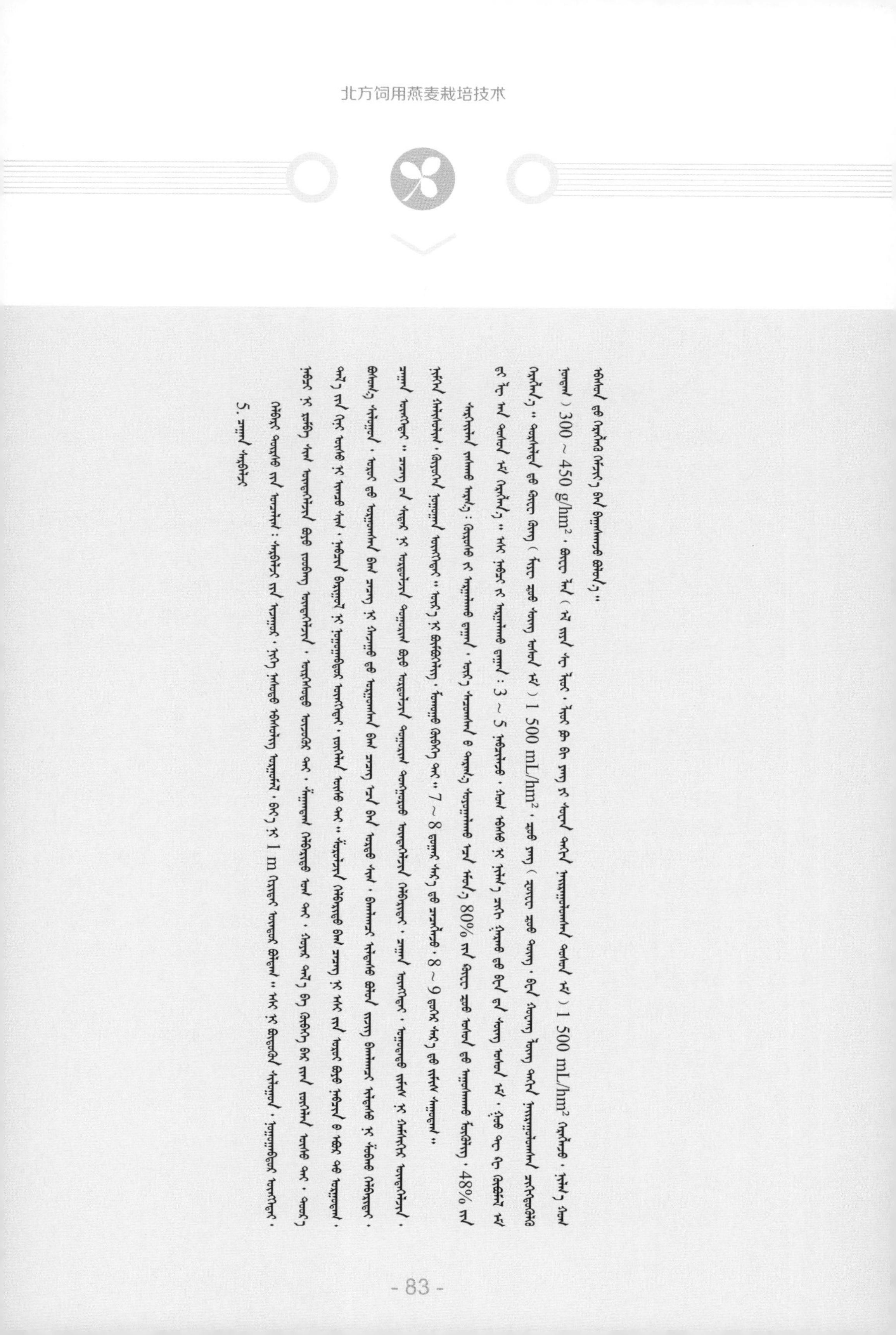

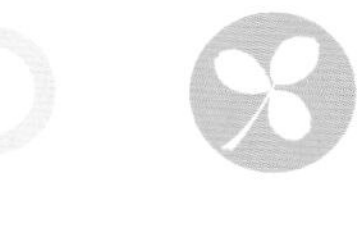

（五）杂草防除原则

燕麦田除草应以“预防为主，综合防除”，即将农艺防除和化学除草有机结合起来，形成一个综合治理体系。可根据当地杂草种类、自然条件、耕作制度等，因地制宜采取简便有效的措施，把杂草危害控制在经济允许的损失水平之下。

轮作倒茬是最常用的控制杂草的方法之一。通过不同的作物轮作倒茬，可以改变杂草的适生环境，创造不利于杂草生长的条件，从而控制杂草的发生。在我国北方地区，燕麦主要与油菜、荞麦、马铃薯、胡麻、甜菜等作物轮作，通过耕作栽培技术措施除草。对于田间已经混有的杂草，需用歼灭性的措施加以清除。通过土壤耕作，如犁地、耙地、中耕、培土等，不仅可以直接杀死杂草幼芽和植株，还可以切断杂草地下繁殖器官，特别是多年生的杂草效果更好。

二、病虫害管理

燕麦病虫害防治工作是一项非常复杂而困难的工作，主要关注的是燕麦病虫发生、危害的程度，它不仅与环境因素、作物本身的抗性密切相关，而且也和病菌、害虫发生数量的多寡有关。因此，要搞好裸燕麦病虫害的防治，就要深入调查产区裸燕麦病虫害的种类。通过新品种选育，提高裸燕麦的免疫力、抵抗性，并且要依据“防重于治”的植物保护方针，把危害程度减少到最低限度。燕麦的病虫害防治工作与农艺学、遗传学、种子学、气象学、病虫害生态及流行学等多学科之间有密切关系。

危害燕麦的害虫种类较多，发生时对燕麦或多或少会造成不同程度的危害，防治不及时，就会影响燕麦的生长发育，造成减产，降低草产品质量。因此，燕麦虫害的防治是一项比较重要的工作。燕麦的虫害主要有蛴螬、地老虎、麦蚜、黏虫、叶蝉等。

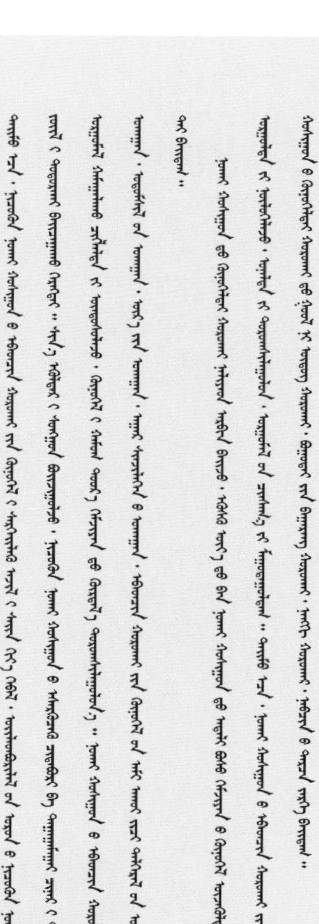

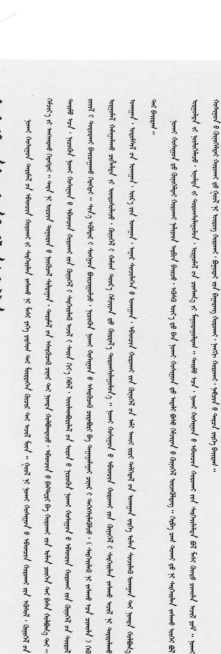

（一）病害管理

1. 燕麦散黑穗病

形态特征：燕麦散黑穗病的病株矮小，仅是健株株高的1/3～1/2，抽穗期提前。病状始见于花器，染病后子房膨大，致病穗的种子充满黑粉，外被一层灰膜包住，后期灰色膜易破裂，散出黑褐色的厚垣孢子粉末。本病主要是通过种子传播和土壤传播。

防治方法：应用抗病品种，或者采用综合农业措施防止燕麦黑穗病，如选用无病种子，抽穗后及时拔除病株，播种前保持种子干燥清洁，利用合理轮作避免连作，特别是多年连作，适时播种等。药物防治主要采用以下方法。

拌种：把40%福尔马林配成1%溶液，或50%多菌灵或50%福美双或70%甲基托布津拌种，充分拌匀后盖上麻袋或塑料薄膜，闷种5 h后马上播种。

浸种：用55℃热水浸种10 min；也可先用冷水预浸3 h，然后用52℃热水浸种5 min，再放入冷水中冷却，捞出晾干备用；40%福尔马林280倍液浸种60 min后晾干播种。

喷施：70%代森锰锌可湿性粉剂500～600倍液；75%百菌清可湿性粉剂800～1 000倍液；25%苯菌灵乳剂800～1 000倍液；15%三唑醇可湿性粉剂2 000倍液；50%福美双可湿性粉剂500倍液；70%甲基托布津可湿性粉剂1 000倍液。

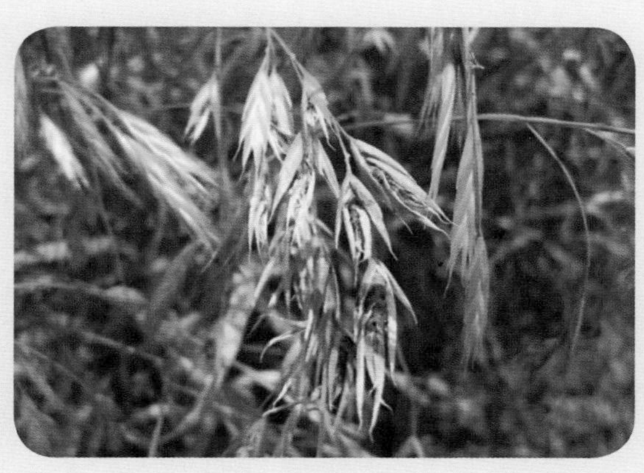

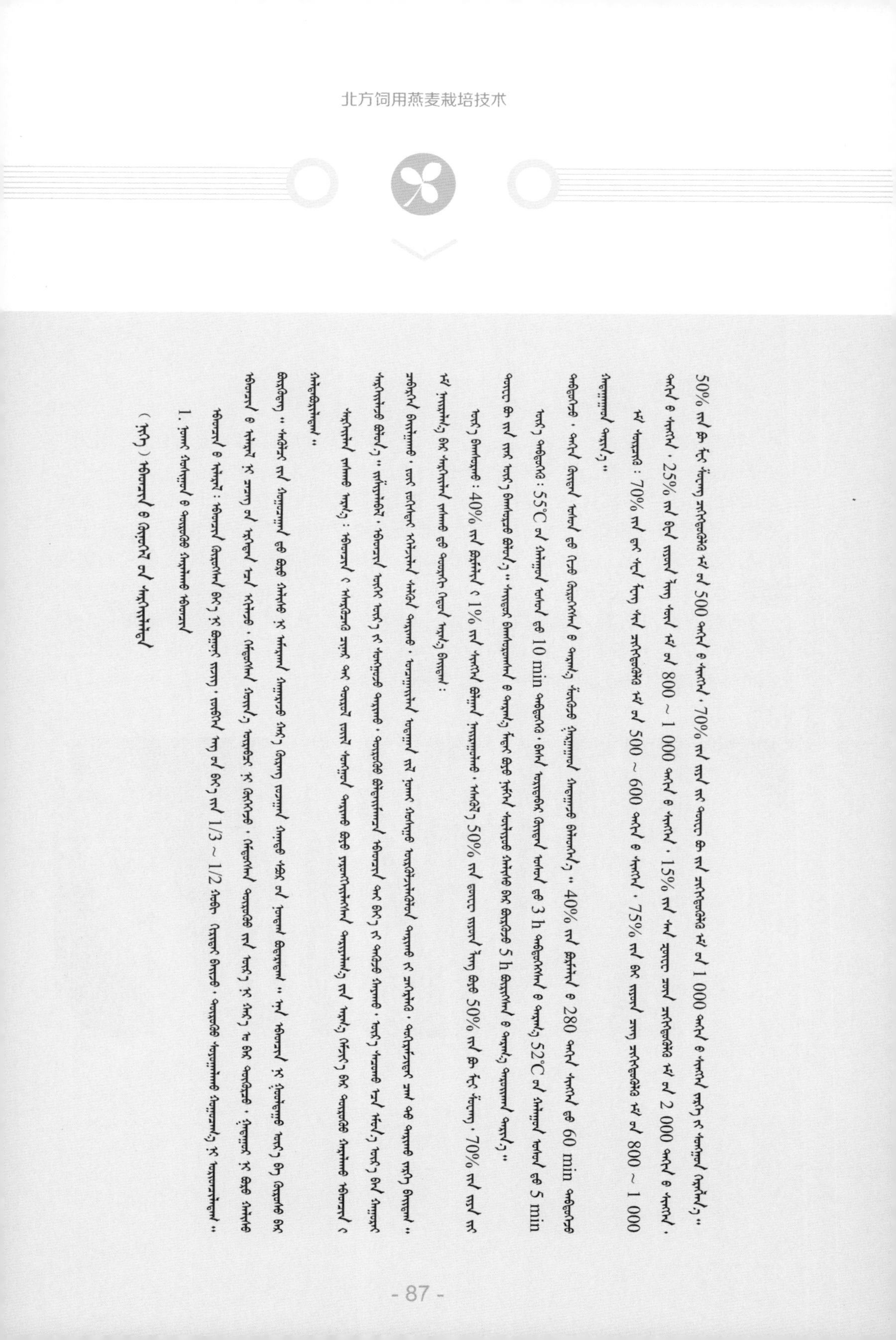

50% [illegible] 500 [illegible] · 70% [illegible] 1 000 [illegible] ::
[illegible] · 25% [illegible] 800 ~ 1 000 [illegible] · 15% [illegible] 2 000 [illegible] ·

[illegible] : 70% [illegible] 500 ~ 600 [illegible] · 75% [illegible] 800 ~ 1 000 [illegible] ::

[illegible] :: 40% [illegible] 280 [illegible] 60 min [illegible]

[illegible] : 55°C [illegible] 10 min [illegible] 3 h [illegible] 52°C [illegible] 5 min [illegible] :: [illegible] 5 h [illegible] ::

[illegible] : 40% [illegible] 1% [illegible] 50% [illegible] 50% [illegible] · 70% [illegible] :

[illegible] ::

[illegible] ::

[illegible] : [illegible] 1/3 ~ 1/2 [illegible] ::

1. [illegible]

（[illegible]）[illegible]

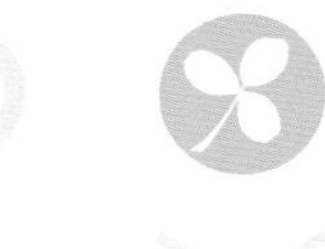

2. 燕麦白粉病

形态症状：主要发生在叶及叶鞘上，叶的正面较多，叶背、茎及花器也可发生。病部初期出现1～2 mm的白色小点，后逐渐扩大为近圆形至椭圆形白霉斑，霉斑表面有一层白粉，后期霉层呈污褐色并产生黑色小点。

防治方法：种植抗病、耐病品种；播种前尽量消灭自生麦苗或田边禾本科杂草，消灭初侵染源；提倡施用酵素菌沤制的堆肥或腐熟有机肥，采用配方施肥技术，适当增施磷钾肥，根据品种特性和地力合理密植，注意田间通风透光性。

药剂防治可用25%三唑酮可湿性粉剂拌种。在燕麦抗病品种少的地区，在燕麦拔节期至开花期，当白粉病病叶率达10%以上时，喷洒15%三唑酮乳油1 000倍液或40%福星乳油800倍液。每隔7～10天喷一次，连续喷2～3次。

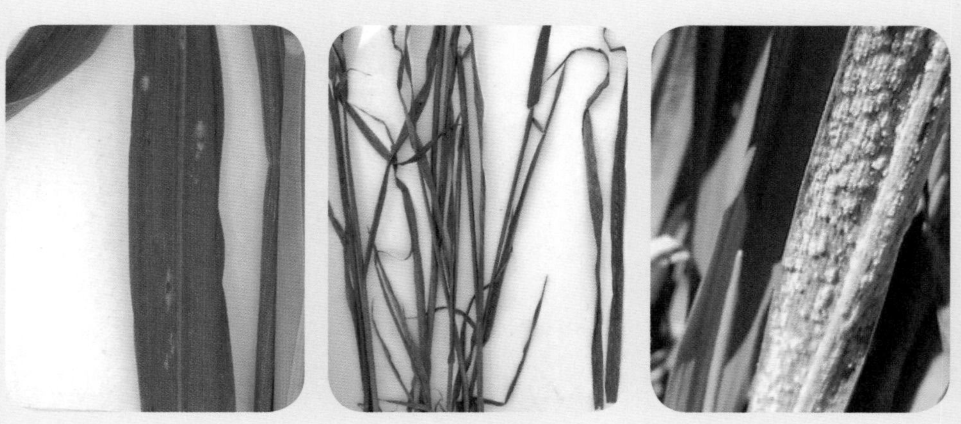

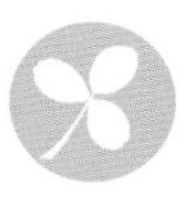

ᠰᠠᠷᠠ ᠳᠤ ᠪᠣᠯ ᠰᠢᠷᠭᠤᠯᠠᠩ ᠰᠢᠷᠢᠭ ᠪᠡᠷ 1 ~ 2 mm ᠤᠨ ᠦᠷ᠎ᠡ ᠬᠣᠯᠪᠣᠭ ᠰᠠᠢᠵᠢᠷᠠᠭᠤᠯᠬᠤ᠂ ᠰᠢᠯᠢᠭᠰᠡᠨ ᠳᠤ ᠪᠣᠯ ᠬᠣᠷᠤᠭᠳᠠᠭᠤᠯᠬᠤ᠂ ᠬᠣᠷᠣᠭᠳᠠᠯ ᠪᠤᠯᠤ ᠲᠣᠭᠲᠠᠭᠠᠯ ᠰᠢᠯᠢᠳᠡᠭ ᠦᠷ᠎ᠡ ᠪᠤᠳᠤᠭᠳᠠ ᠲᠠᠢ ᠬᠣᠯᠢᠮᠠᠭ ᠪᠠᠷᠢᠬᠤ᠂ ᠬᠠᠷᠢᠨ ᠢ ᠲᠠᠷᠢᠬᠤ

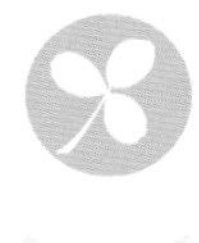

3. 燕麦叶斑病

形态特征：又称为条纹叶枯病，主要为害叶片和叶鞘。发病初期病斑呈水浸状，灰绿色，后逐渐变为浅褐色至红褐色，边缘紫色。病斑四周有一圈较宽的黄色晕圈，后期病斑继续扩展呈不规则形条斑。严重时病斑融合成片，从叶尖向下干枯。

防治方法：主要采用农业防治、生物防治或化学药物防治。

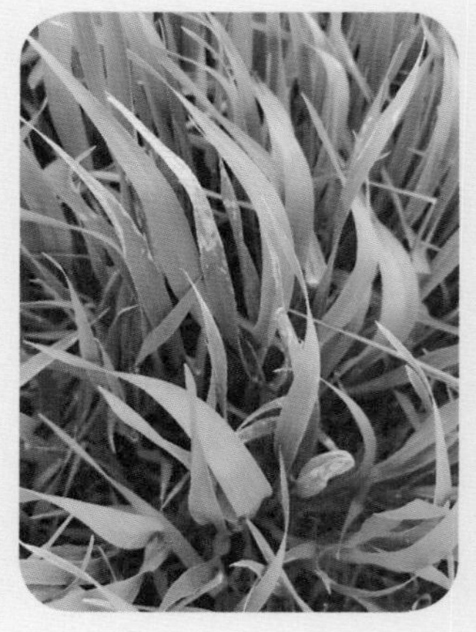

农业防治：对发生严重的地块进行处理，将病残体焚烧或从田间清除干净，或深翻20 cm。苗期和孕穗期焚烧清除效果较好，到收获期则无显著效果，清除与深翻的防治效果均不如焚烧的效果。

生物防治：80%抗菌剂402水剂5 000倍液浸种24 h后，捞出晾干即可播种。

化学防治：可用5%速保利拌种剂、40%多菌灵、50%福美双、70%甲基托布津拌种。也可在发病期间用50%多菌灵、50%苯菌灵可湿性粉剂喷雾。

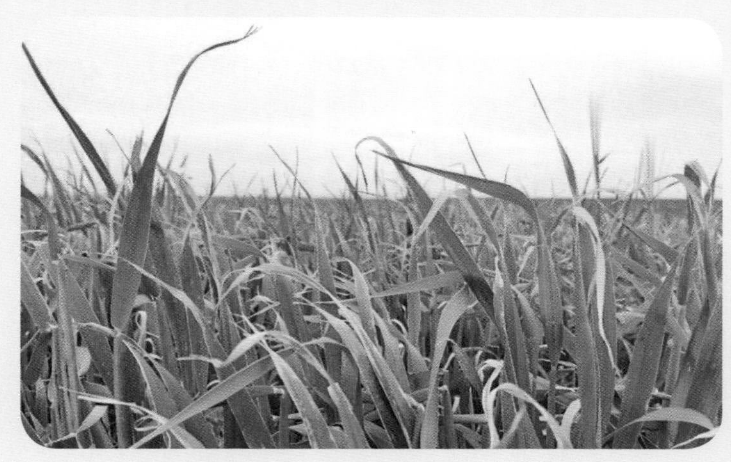

[illegible] ᠃

[illegible] 50% [illegible] ᠂ 50% [illegible]

[illegible] : 5% [illegible] ᠂ 40% [illegible] ᠂ 50% [illegible] ᠂ 70% [illegible]

[illegible] ᠃

[illegible] : 80% [illegible] 402 [illegible] 5 000 [illegible] 24 h [illegible] ᠂ [illegible] ᠃ [illegible]

[illegible] 20 cm [illegible] ᠃ [illegible] ᠂ [illegible]

[illegible] : [illegible] ᠂ [illegible] ᠂ [illegible]

[illegible] : [illegible] ᠂ [illegible] ᠃

[illegible] ᠃

[illegible] ᠂ [illegible] ᠃ [illegible] ᠂

[illegible] ᠂ [illegible] ᠂ [illegible] ᠃ [illegible]

[illegible] : [illegible] ᠃ [illegible] ᠂

3. [illegible]

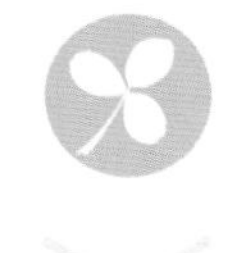

4. 燕麦秆锈病

形态特征：主要发生在燕麦生长中后期，病斑生在叶、叶鞘及茎秆上。发病初期，叶片上产生橙黄色椭圆形小斑，后病斑逐渐扩展出现稍隆起的小疮包。当孢子堆上的包被破裂后，散发出夏孢子。后期燕麦近枯黄时，在夏孢子堆基础上产生黑色的、表皮不破裂的冬孢子堆。

防治方法：主要采用以下方法进行防治。

选用抗锈病高产良种：消灭病株残体，清除田间杂草寄主。

耕作制度：实行轮作倒茬，避免连作；加强栽培管理，多中耕，增强植株抗病能力，合理施肥，防止贪青徒长晚熟，多施磷钾肥促进早熟；在大发生前，用0.4% ～ 0.5%的敌锈酸或锈钠水溶液喷洒2 ～ 3次，在病害流行期间7 ～ 10天喷药一次，每次喷药1 125 ～ 1 500 kg/hm^2。

化学防治：发病后及时喷药防治，用25%三唑酮、12.5%速保利可湿性粉剂在发病初期兑水喷雾；用12.5%粉唑醇乳油、20%萎锈灵乳油在锈病盛发期兑水喷雾；或用25%三唑醇可湿性粉剂拌种。

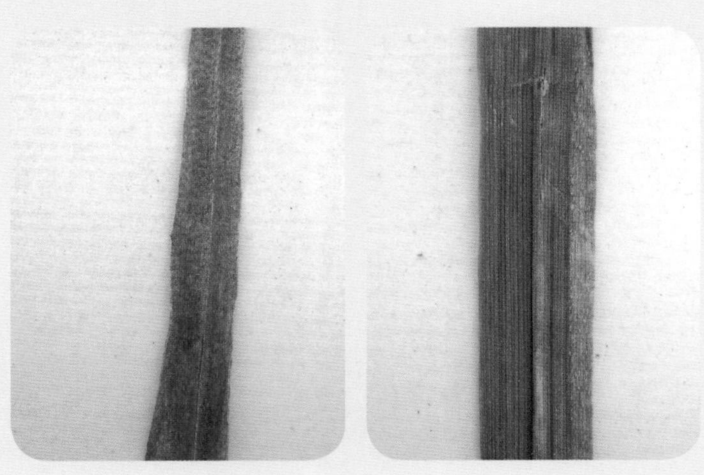

ᠪᠠᠢᠳᠠᠯ : ᠬᠡᠷᠡᠭᠯᠡᠬᠦ ᠬᠡᠮᠵᠢᠶ᠎ᠡ ᠪᠡᠷ ᠬᠦᠷᠦᠩᠭᠡ ᠪᠣᠯᠭᠠᠬᠤ ᠪᠠᠢᠳᠠᠯ ᠢ ᠬᠠᠩᠭᠠᠨ᠎ᠠ :: ᠪᠣᠷᠣᠳᠣᠭ᠎ᠠ ᠶᠢᠨ ᠲᠥᠷᠦᠯ ᠢ ᠰᠣᠩᠭᠣᠬᠤ · ᠬᠡᠷᠡᠭᠯᠡᠬᠦ ᠴᠠᠭ ᠢ ᠲᠣᠭᠲᠠᠭᠠᠬᠤ · ᠬᠣᠣᠯᠠᠨ ᠤ ᠪᠣᠳᠠᠰ ᠢ ᠨᠡᠮᠡᠭᠦᠯᠬᠦ ᠶᠢᠨ ᠲᠥᠯᠥᠭᠡ ᠬᠡᠷᠡᠭᠯᠡᠨ᠎ᠡ :: ᠰᠠᠴᠤᠯᠲᠠ ᠶᠢᠨ ᠦᠶ᠎ᠡ ᠳᠦ ᠨᠢᠭᠡ ᠤᠳᠠᠭ᠎ᠠ ᠪᠠᠢᠳᠠᠯ ᠢ ᠬᠠᠷᠠᠭᠠᠯᠵᠠᠨ ᠬᠡᠷᠡᠭᠯᠡᠨ᠎ᠡ :: ᠬᠣᠣᠯᠠᠨ ᠤ ᠬᠡᠮᠵᠢᠶ᠎ᠡ 0.4% ~ 0.5% ᠤᠨ ᠰᠢᠩᠭᠡᠨ ᠢ ᠨᠠᠪᠴᠢᠨ ᠳᠤ ᠰᠠᠴᠤᠨ᠎ᠠ · 2 ~ 3 ᠤᠳᠠᠭ᠎ᠠ ᠰᠠᠴᠤᠬᠤ ᠪᠣᠯᠤᠨ᠎ᠠ :: ᠬᠣᠣᠯᠠᠨ ᠤ ᠬᠡᠮᠵᠢᠶ᠎ᠡ ᠨᠢ ᠬᠡᠭᠲᠡᠷ᠎ᠡ 7 ~ 10 ᠡᠳᠦᠷ ᠦᠨ ᠳᠠᠷᠠᠭ᠎ᠠ ᠳᠠᠬᠢᠨ ᠬᠡᠷᠡᠭᠯᠡᠬᠦ ᠪᠡᠷ 1 125 ~ 1 500 kg/hm² ᠪᠣᠯᠭᠠᠨ ᠬᠡᠷᠡᠭᠯᠡᠨ᠎ᠡ ::

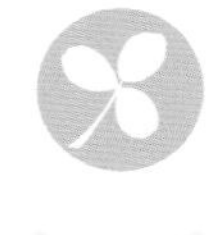

（二）虫害管理

1. 金龟子

形态特征：金龟子是一类分布广泛的地下害虫，有大黑鳃金龟子、黄褐丽金龟子和黑线鳃金龟子等种类。主要是在幼虫期对燕麦产生危害。幼虫也称蛴螬，在地下啃食燕麦的根，也取食萌发的种子。成虫取食燕麦的茎叶。

防治方法：主要采用诱杀成虫与药剂拌种方法防治。

诱杀成虫：蛴螬可使用灯光诱杀或马粪诱集捕杀，也可犁地拾虫。

药剂拌种：每500 kg种子用20%甲基异柳乳油1.5 ～ 2.5 kg，或用50%锌硫磷乳油0.5 kg，加水25 ～ 50 kg拌种，效果可达90%以上，有效期可维持2 ～ 3个月。或用25%七氯乳剂0.5 kg加水10 ～ 15 kg拌种100 ～ 150 kg，随用随拌；蛴螬发生区，还可用土壤消毒，用甲胺磷、辛硫磷粉剂7.5 ～ 15 kg/hm^2，拌土25 kg，随撒随翻；在发生较严重地区，通过轮茬可减少蛴螬发生量。

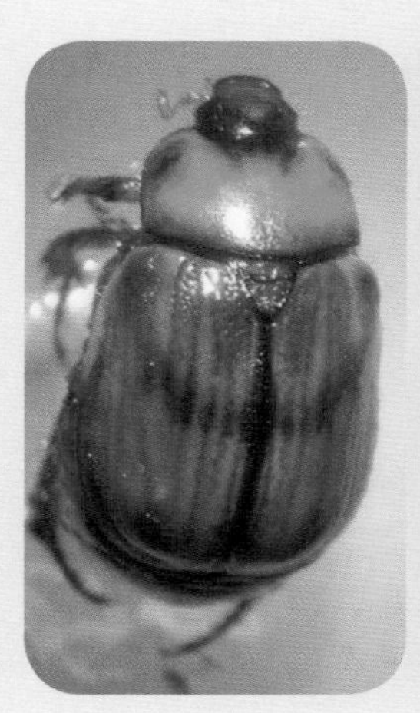

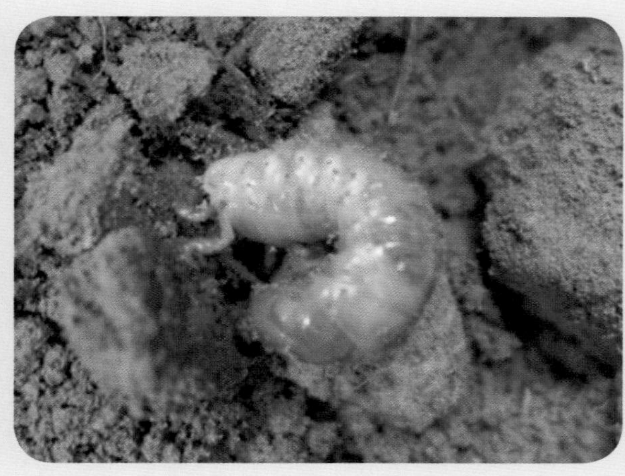

ᠬᠦᠷᠳᠡᠯ ᠪᠣᠯᠭᠠᠨ᠎ᠠ : 500 kg ᠬᠦᠷᠳᠡᠯ ᠪᠣᠯ 20% ᠢᠶᠡᠷ ᠨᠡᠮᠡᠵᠦ ᠂ ᠨᠢᠭᠡ ᠤᠳᠠᠭ᠎ᠠ 1.5 ~ 2.5 kg ᠂ ᠬᠠᠮᠤᠭ 50% ᠢᠶᠡᠷ ᠨᠢᠭᠡ ᠤᠳᠠᠭ᠎ᠠ 0.5 kg ᠪᠠᠷ

20 ~ 50 kg ᠬᠦᠷᠲᠡᠯ ᠬᠦᠷᠭᠡᠨ᠎ᠡ ᠂ ᠨᠢᠭᠡ ᠤᠳᠠᠭ᠎ᠠ 90% ᠢᠶᠡᠷ ᠨᠡᠮᠡᠵᠦ ᠂ ᠨᠢᠭᠡ ᠤᠳᠠᠭ᠎ᠠ 2 ~ 3 ᠤᠳᠠᠭ᠎ᠠ ᠬᠤᠪᠢᠶᠠᠨ᠎ᠠ :: 25% ᠢᠶᠡᠷ ᠨᠢᠭᠡ ᠤᠳᠠᠭ᠎ᠠ

0.5 kg ᠪᠠᠷ 10 ~ 15 kg ᠬᠦᠷᠲᠡᠯ 100 ~ 150 kg ᠬᠦᠷᠲᠡᠯ ᠪᠣᠯᠭᠠᠨ᠎ᠠ :: ᠨᠢᠭᠡ ᠤᠳᠠᠭ᠎ᠠ 7.5 ~ 15 kg/hm² ᠪᠣᠯᠭᠠᠨ᠎ᠠ ᠂ 25 kg ᠬᠦᠷᠲᠡᠯ ᠰᠣᠩᠭᠤᠨ᠎ᠠ ᠂

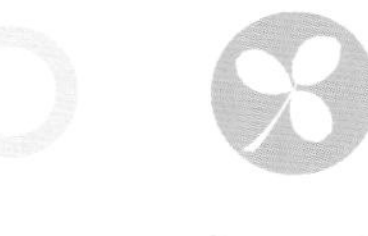

2. 蚜虫

形态特征：黄绿色，体背两侧有褐斑。麦蚜的寄主有很多，多群集在叶背面和穗部为害。被害处呈黄色斑点，严重时叶片发黄，甚至整株枯死。

防治方法：及时喷施农药。用50%马拉松乳剂1 000倍液，或50%杀螟松乳剂1 000倍液，或50%抗蚜威可湿性粉剂3 000倍液，或2.5%溴氰菊酯乳剂3 000倍液，或2.5%灭扫利乳剂3 000倍液，或40%吡虫啉水溶剂1 500 ～ 2 000倍液等。用药量400 ～ 550 kg/hm^2，喷洒植株1 ～ 2次。

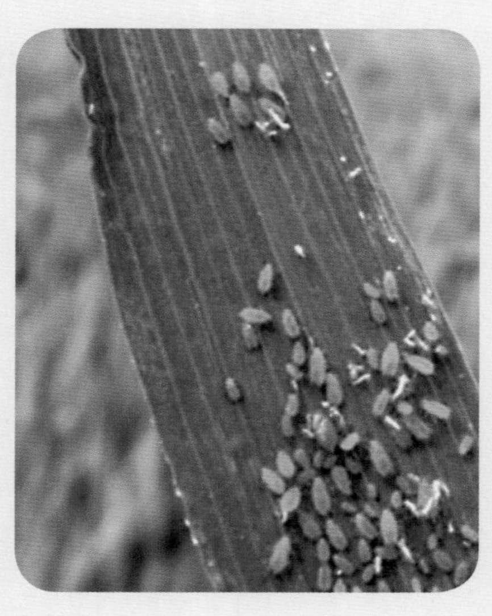

ᠳᠤᠰᠤᠯ ᠪᠠᠷ ᠲᠣᠭᠠᠯᠠᠯ ᠮᠠᠶᠢᠭ ᠢ ᠨᠡᠮᠡᠵᠦ ᠪᠣᠯᠤᠨ᠎ᠠ᠃ ᠲᠤᠰ ᠨᠡᠮᠡᠯᠲᠡ ᠬᠡᠮᠵᠢᠶ᠎ᠡ ᠨᠢ 400 ~ 550 kg/hm^2᠂ ᠲᠠᠷᠢᠬᠤ ᠪᠠᠶᠢᠳᠠᠯ ᠢᠶᠠᠷ 1 ~ 2 ᠤᠳᠠᠭ᠎ᠠ ᠬᠤᠪᠢᠶᠠᠷᠢᠨ᠎ᠠ᠃ ᠪᠤᠶᠤ ᠬᠣᠷᠣ ᠶᠢᠨ 3000 ᠳᠠᠬᠢᠨ ᠤ ᠨᠢᠭᠡᠳᠦᠯ᠂ 2.5% ᠲᠠᠢ ᠬᠣᠣᠷ ᠮᠠᠲᠤ ᠶᠢᠨ ᠬᠣᠷᠣ ᠶᠢᠨ 3000 ᠳᠠᠬᠢᠨ ᠤ ᠨᠢᠭᠡᠳᠦᠯ᠂ 40% ᠲᠠᠢ ᠪᠠ ᠰᠢᠨᠵᠢ ᠶᠢᠨ ᠮᠠᠭᠤᠷᠠᠬᠤ ᠶᠢᠨ 1 500 ~ 2 000 ᠳᠠᠬᠢᠨ ᠤ ᠨᠢᠭᠡᠳᠦᠯ᠂ 50% ᠲᠠᠢ ᠪᠣᠯᠤ ᠶᠢᠨ ᠲᠠᠯ ᠰᠢᠷᠢᠭᠦᠯᠦᠭᠴᠢ ᠶᠢᠨ 3 000 ᠳᠠᠬᠢᠨ ᠤ ᠨᠢᠭᠡᠳᠦᠯ᠂ 2.5% ᠲᠠᠢ ᠬᠣᠣᠷ ᠮᠠᠲᠤ ᠶᠢᠨ 3 000 ᠳᠠᠬᠢᠨ ᠤ ᠨᠢᠭᠡᠳᠦᠯ᠂ 2.5% ᠲᠠᠢ ᠮᠠᠲᠤ ᠰᠢᠨᠵᠢ ᠲᠠᠢ ᠬᠠᠮᠲᠤ ᠶᠢᠨ 1 000 ᠳᠠᠬᠢᠨ ᠤ ᠨᠢᠭᠡᠳᠦᠯ᠂ 50% ᠲᠠᠢ ᠨᠢ ᠨᠢ ᠬᠣᠷᠣ ᠶᠢᠨ 1 000 ᠳᠠᠬᠢᠨ ᠤ ᠨᠢᠭᠡᠳᠦᠯ ᠢ ᠰᠣᠩᠭᠣᠨ ᠬᠡᠷᠡᠭᠯᠡᠵᠦ ᠪᠣᠯᠤᠨ᠎ᠠ᠄ ᠮᠠᠯ ᠤ ᠲᠡᠵᠡᠭᠡᠯ ᠪᠣᠯᠭᠠᠨ ᠬᠡᠷᠡᠭᠯᠡᠬᠦ ᠳᠤ ᠬᠤᠪᠢᠶᠠᠷᠢᠨ᠎ᠠ᠃ ᠬᠡᠷᠡᠭᠯᠡᠨ᠎ᠡ᠃

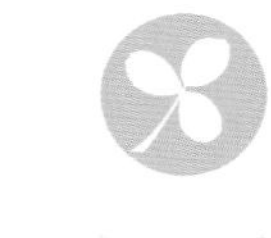

3. 黏虫

形态特征：淡灰褐色，前翅中央近前缘处有2个淡黄色圆斑，外方圆斑下有一小白点，两侧有小黑点顶角有一条伸向后缘的黑色斜纹。黏虫大发生时可将燕麦叶面全部吃光，造成大幅度减产，具有显著的群聚性、迁飞性、杂食性，是燕麦重要的农业害虫。

防治方法：以消灭成虫、3龄前幼虫为目标。如发现成虫，可用谷草把或糖醋毒液诱杀；发现黏虫为害，当卵孵化率达到80%以上，幼虫每平方米达到15条时，选用Bt乳剂255 ～ 510 mL/hm^{2}兑水750 ～ 1 125 kg，或用5%抑太保乳油2 500倍液喷雾。

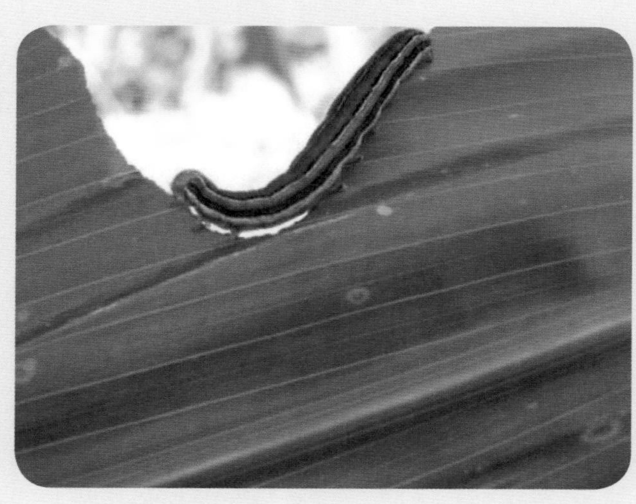

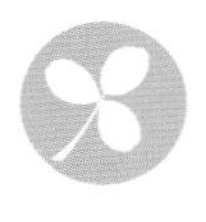

5% [illegible] 2 500 [illegible]

[illegible] 15 [illegible] Bt [illegible] 255 ~ 510 mL/hm² [illegible] 750 ~ 1 125 kg [illegible] 80% [illegible] 1 [illegible]

[illegible]

[illegible]

[illegible]

1 [illegible]

[illegible] 2 [illegible]

3. [illegible]

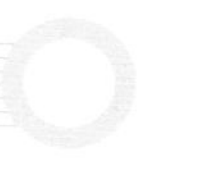
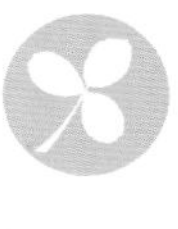

4. 叶蝉

形态特征：体青绿色，头、前胸背板及小盾片淡黄绿色，前胸背板后半呈深绿色。卵长圆形中间稍弯曲，初产下的为乳白色，孵化时为褐色。为害方式主要以成虫、若虫吸食汁液，被害叶初现黄白色斑点并逐渐扩成片，造成褪色、畸形、卷缩，甚至全叶枯死，严重时使燕麦全叶苍白早落。还可传播病毒。

防治方法：可采用诱杀、药剂防治和改变耕作制度。

诱杀：根据其趋光性、趋化性强的特点，可用灯光或糖蜜诱杀器诱杀。

药剂防治：三龄前用50%杀螟松乳油加敌畏配制成2 000倍，防治效果均在90%。

改变耕作制度：推迟播种期，避开其产卵盛期即可减轻损失。

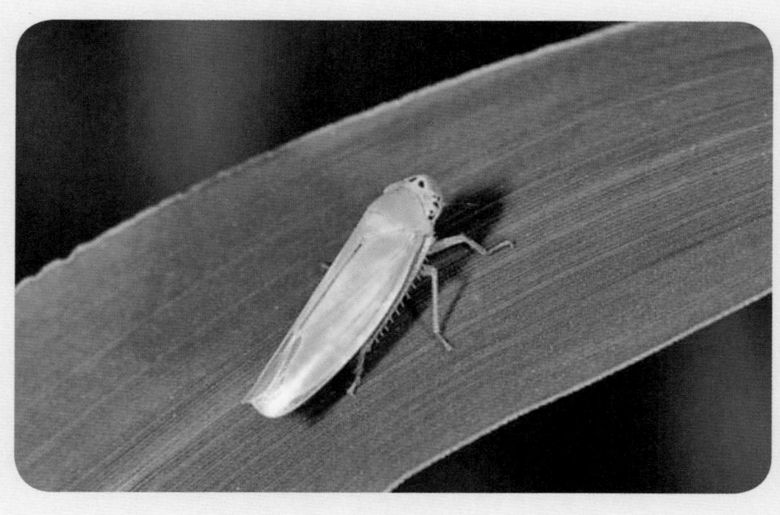

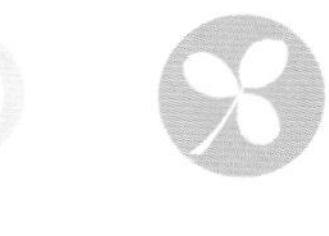

第六章　燕麦加工与利用

一、干草调制

干草调制与贮藏是燕麦生产系统中的重要环节，是实现燕麦产业化的关键。影响燕麦干草质量的因素较多，既有生物学因素，也有非生物学因素，如品种、收获时期、收获时的天气状况、收获技术及贮藏条件等，而这些因素大多可以通过适当的管理措施加以调节与控制，从而保证燕麦干草的质量。

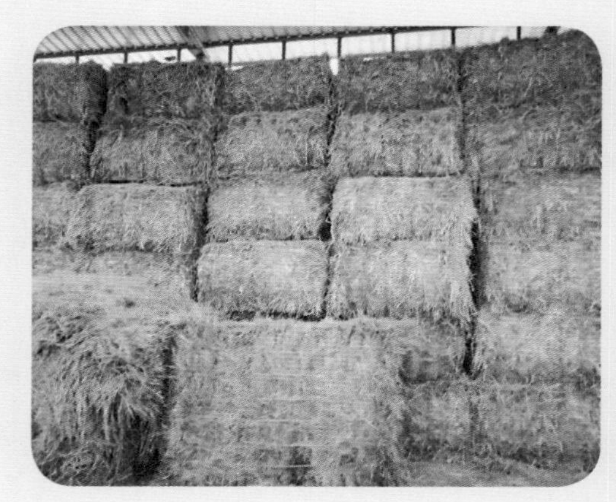

在我国北方旱区进行燕麦干草调制有一定的风险和难度。在燕麦收割调制的过程中，燕麦很容易腐烂。为了防止霉变，一定要把燕麦含水量降低至15%以下贮藏。然而，要把燕麦含水量晾晒至安全含水量，往往需要几天的时间，在此期间，燕麦堆放在田间，很容易受到雨水或恶劣天气的影响，造成损失和品质变坏。

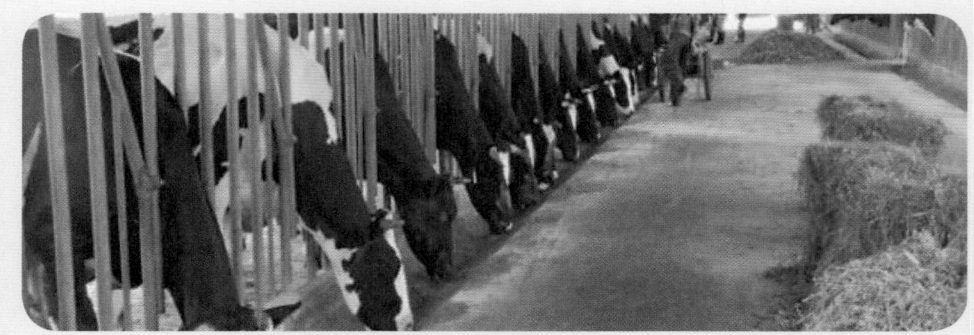

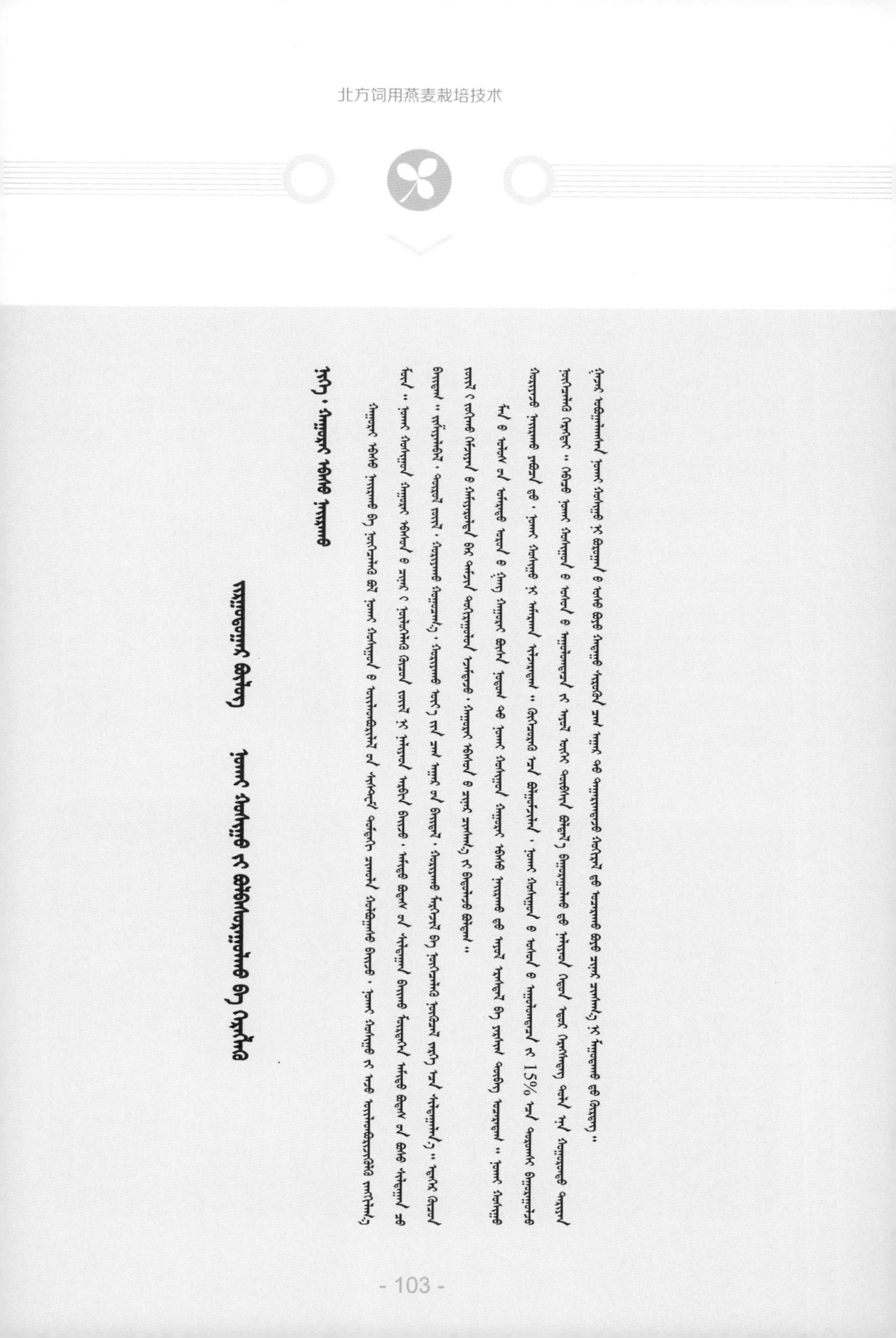

[illegible]

[illegible]

[illegible]

[illegible]

调制品质优良的燕麦干草是一项技术性、时效性很强的农艺—草业综合措施，也是一项复杂的系统工程，它包括刈割、晾晒、打捆和储藏等过程。一般作业程序为：刈割—摊晒—搂草—打捆—运输—储藏等。因此，在燕麦干草调制过程中应注意以下几点。

（一）制定适宜的刈割制度

制定燕麦刈割制度时既要考虑生物因素，如品种、状态（生长发育阶段）、产量目标、品质目标等，又要考量非生物因素，如天气（降雨、气温）、田间状况（土壤水肥、地面耐压性）、田间作业的机械化程度及管理水平等。管理不当最常见的状况是大面积倒伏和发生霉变。

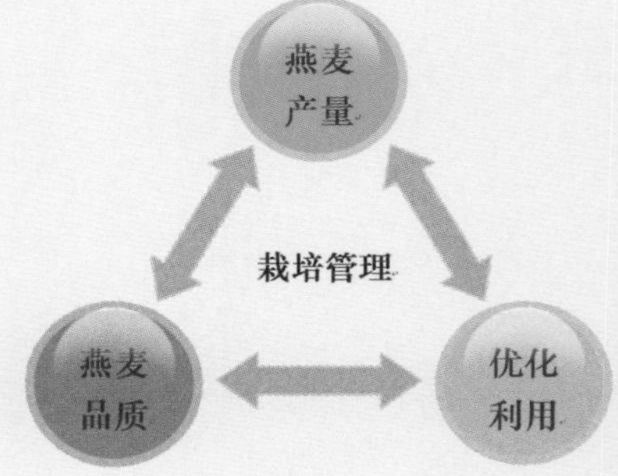

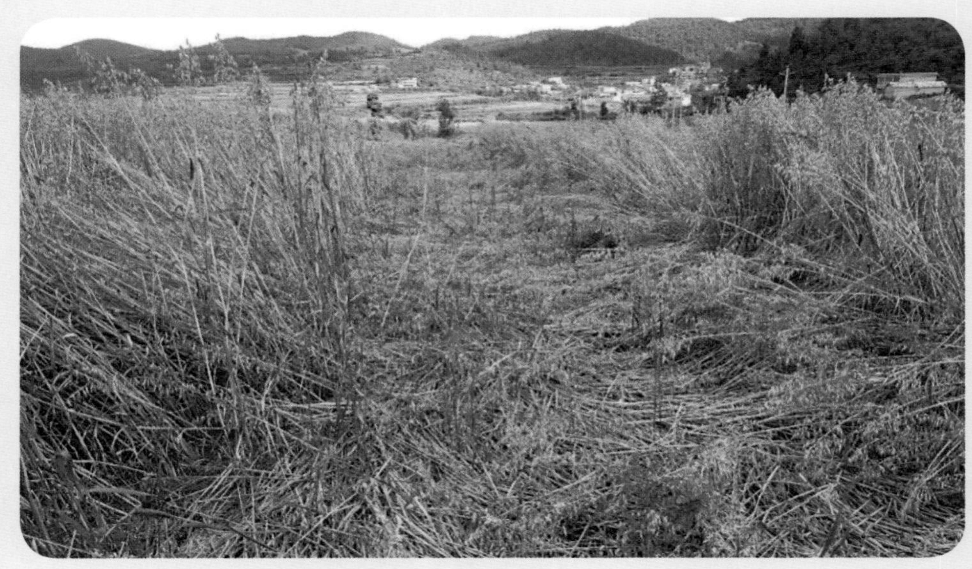

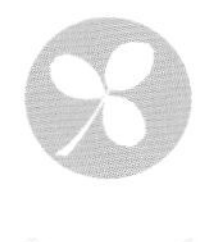

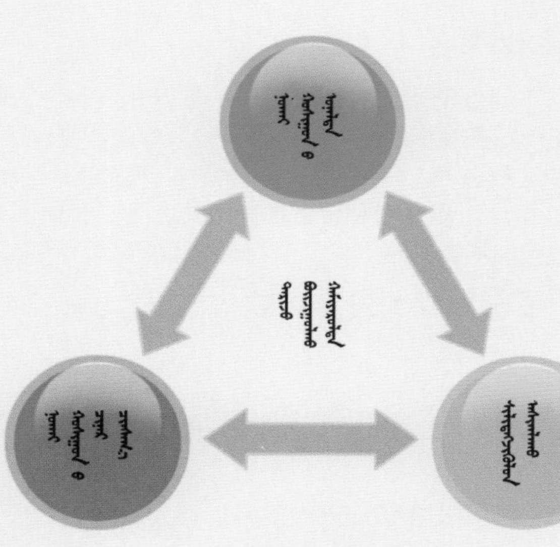

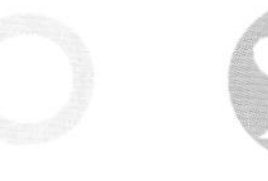

（二）适时刈割

不论采用什么方式（人工或机械）进行燕麦收割，确定收割期是至关重要的。在开花期或乳熟期收割燕麦，可获得较好的燕麦产量和饲草品质，因为此时燕麦的叶和茎约各占50%。过早收割虽然能增加叶片的比例，提高饲草的品质，具有较高的粗蛋白质含量和较低的粗纤维含量，但饲草产量较低；过晚（蜡熟期）收割虽然能增加饲草产量，但饲草品质下降（粗蛋白质含量下降，中性洗涤纤维含量增加）。

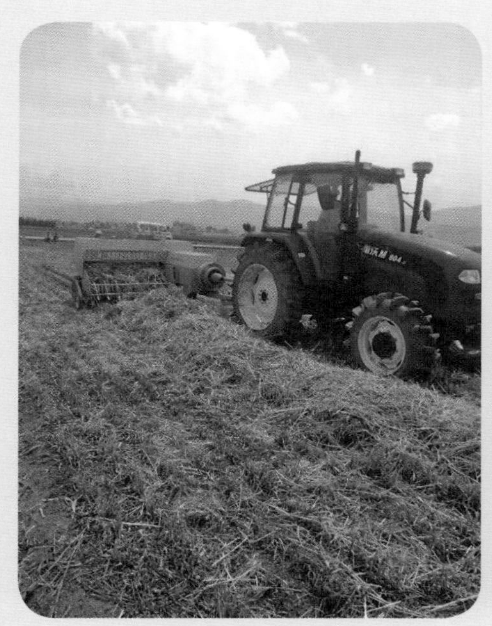

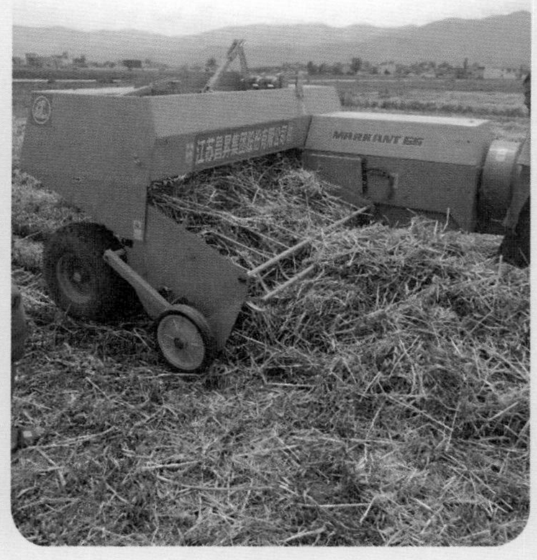

[illegible]

（三）适时晾晒

正确的晾晒是保证燕麦干草质量的关键。新割的燕麦含水量一般在70%～80%，而调制干草的安全含水量一般为15%～18%。燕麦收割经过田间晾晒萎蔫后，在其茎仍然坚韧，叶片还未脱落时应该及时堆垄，直至降到燕麦干草贮藏时的安全含水量。

在生产上需要快速而准确判断燕麦草的含水量，采用感官来判断燕麦含水量极为关键。一般含水量为50%左右的燕麦草，叶片卷缩，叶色呈深绿色，叶柄易折断，茎秆下半部叶片开始脱落，茎秆颜色基本未变，茎表皮可用指甲刮下，挤压茎秆有水分溢出；含水量为25%左右的干草，叶片、嫩枝稍微被触动就能折断，茎也易断裂，但茎表皮不易被指甲刮下；含水量为15%左右的青干草，叶片大部分脱落且易破碎，弯曲茎秆极易折断，并发出清脆的断裂声。

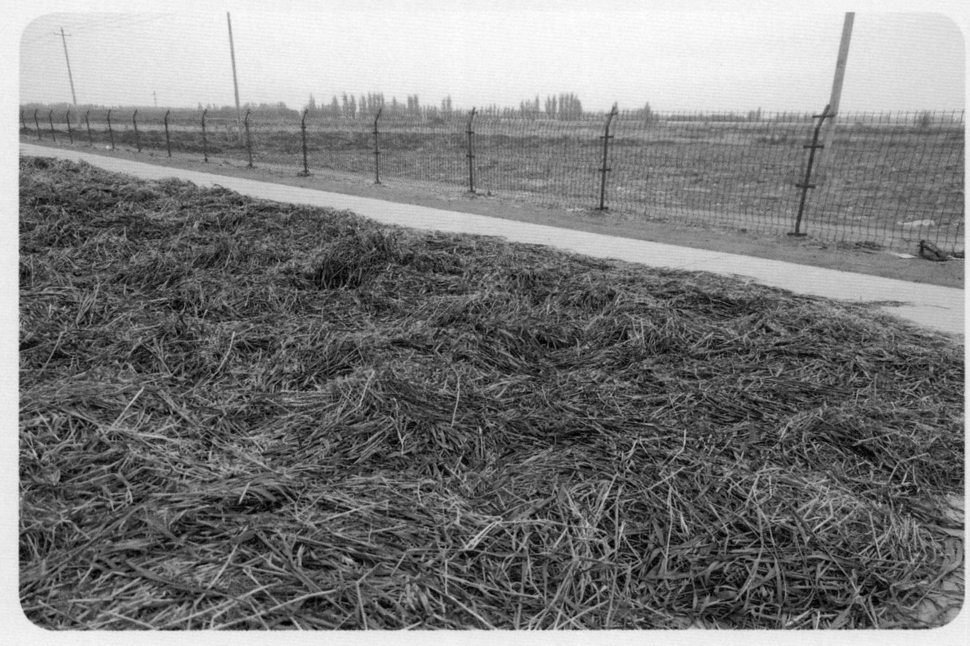

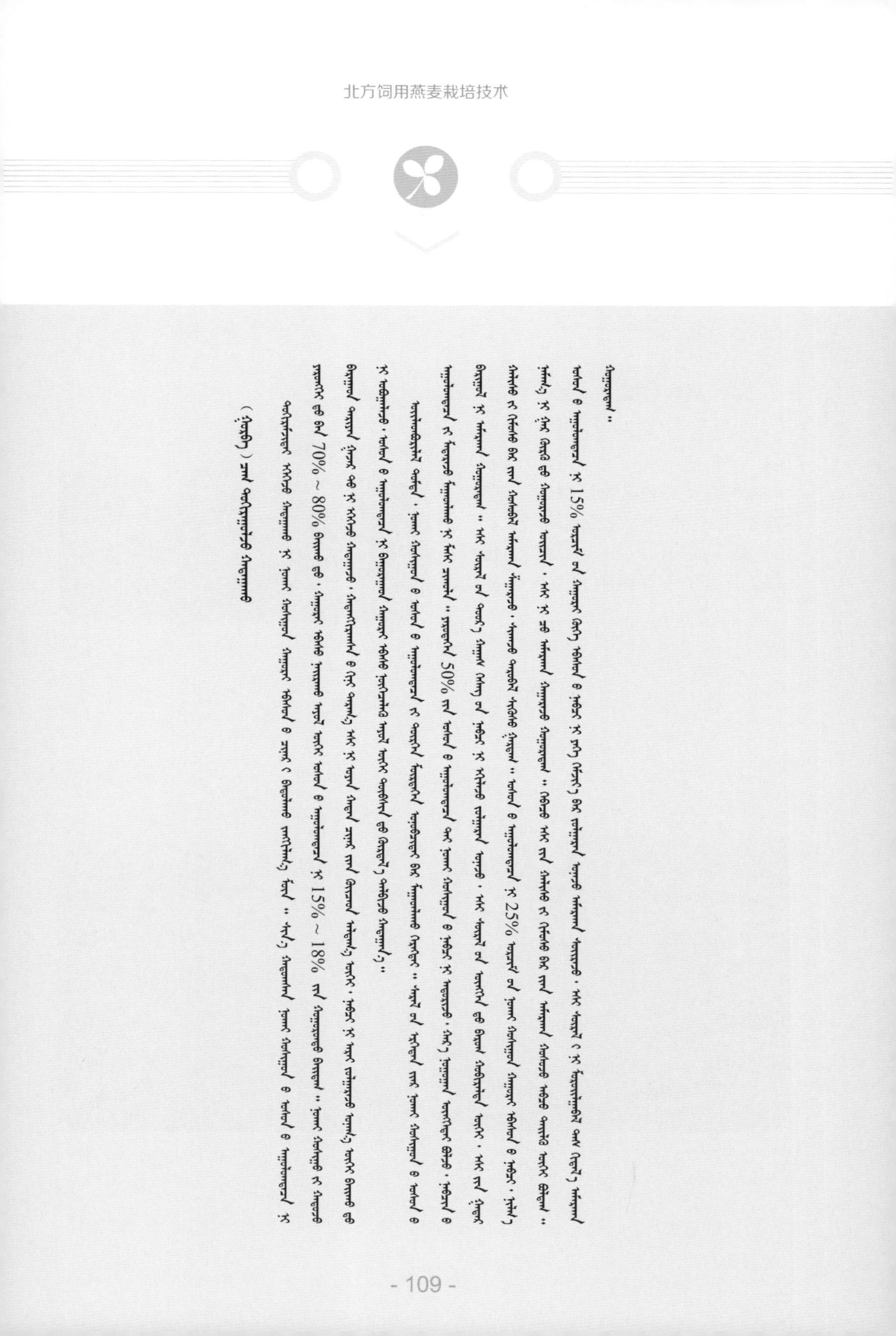

[illegible]

（四）适时打捆

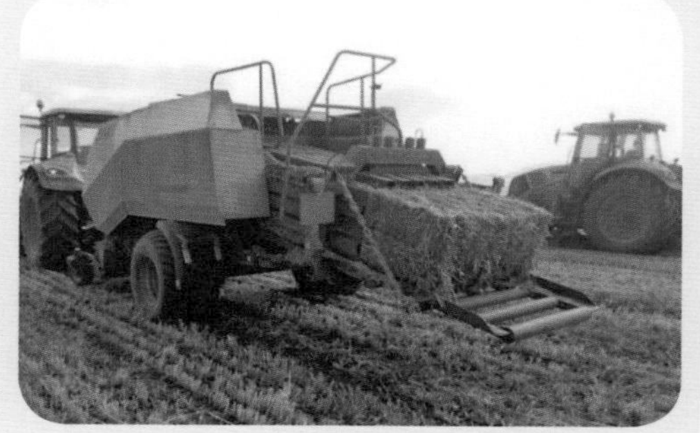

当燕麦的含水量达到20%左右时，打成传统的长方形捆。实际上打捆时的含水量从15%到25%不等，打捆早的燕麦草水分含量略高些，可以在地里放一段时间，再进行运输和储藏。燕麦干草储藏安全含水量为13%～15%。

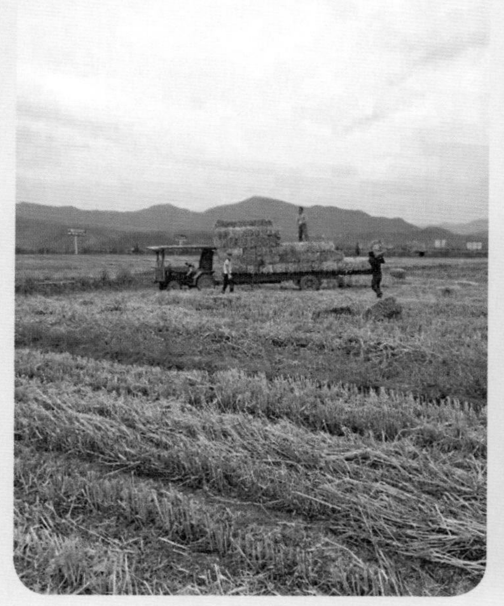

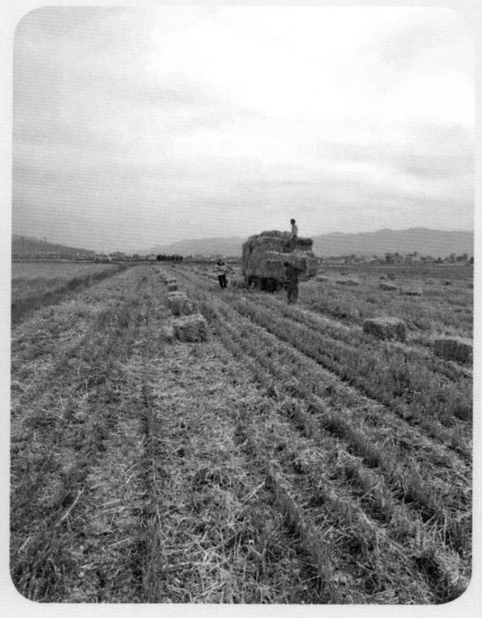

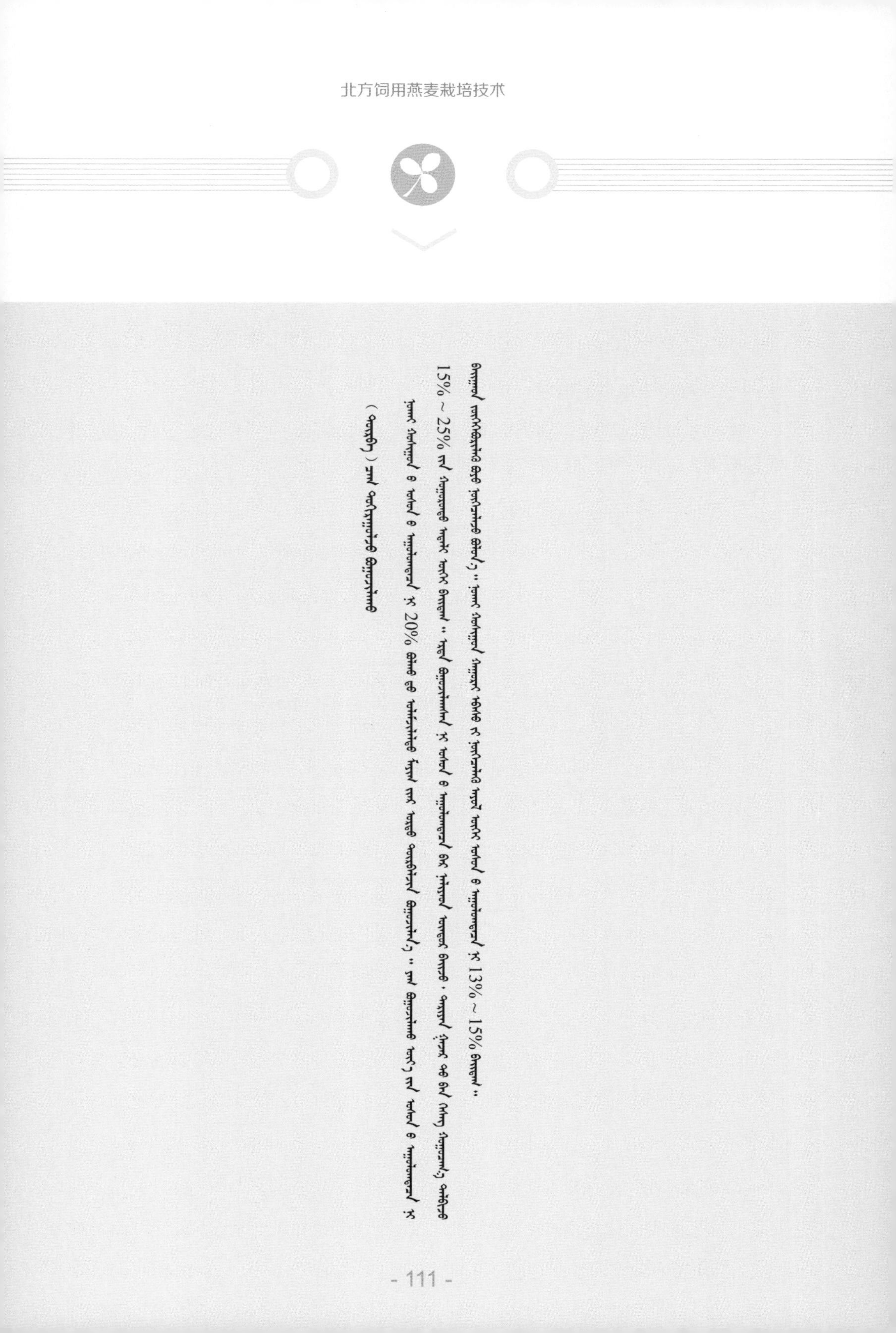

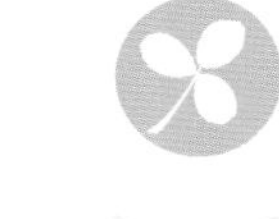

（五）燕麦干草调制流程

燕麦干草调制包括：刈割—摊晒—搂草—打捆—运输—堆垛等过程，配套机械有割草机、摊草机、搂草机、打捆机等。

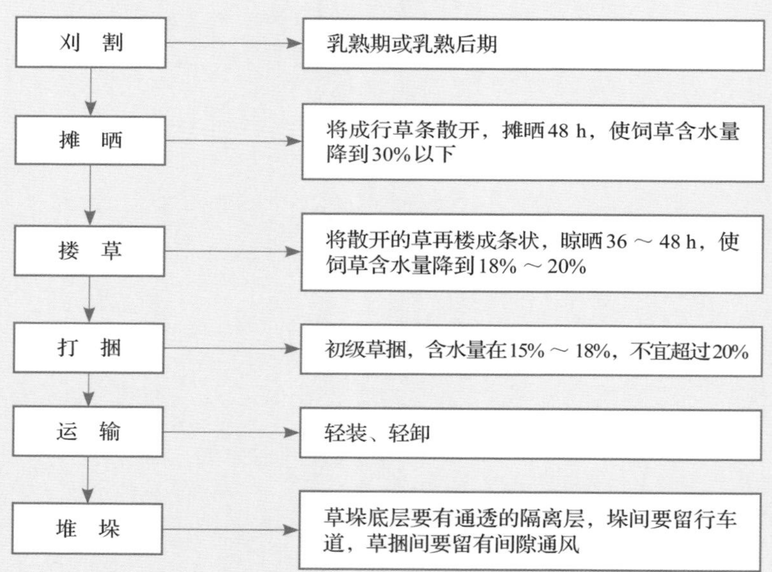
刈 割
乳熟期或乳熟后期
摊 晒
将成行草条散开，摊晒48 h，使饲草含水量降到30%以下
搂 草
将散开的草再搂成条状，晾晒36 ～ 48 h，使饲草含水量降到18% ～ 20%
打 捆
初级草捆，含水量在15% ～ 18%，不宜超过20%
运 输
轻装、轻卸
堆 垛
草垛底层要有通透的隔离层，垛间要留行车道，草捆间要留有间隙通风

燕麦干草田间调制流程

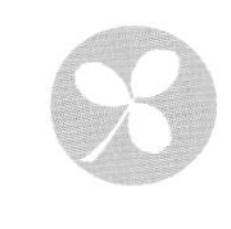

(ᠬᠣᠶᠠᠷ) ᠲᠠᠷᠢᠮᠠᠯ ᠪᠣᠯᠭᠠᠬᠤ ᠬᠠᠳᠤᠭᠤ ᠳᠠᠷᠤᠭᠤᠯ

ᠲᠠᠷᠢᠮᠠᠯ ᠪᠣᠯᠭᠠᠬᠤ ᠬᠠᠳᠤᠭᠤ ᠪᠡᠯᠡᠳᠬᠡᠬᠦ ᠳᠤ᠄ ᠬᠠᠳᠤᠬᠤ — ᠬᠠᠢᠴᠢᠯᠠᠬᠤ — ᠬᠠᠺᠠᠬᠤ — ᠪᠣᠭᠣᠴᠠᠯᠠᠬᠤ — ᠬᠠᠳᠠᠭᠠᠯᠠᠬᠤ — ᠲᠡᠵᠢᠭᠡᠯᠡᠬᠦ ᠵᠡᠷᠭᠡ ᠳᠠᠮᠵᠢᠯᠲᠠ ᠪᠠᠢᠨ᠎ᠠ᠃ ᠬᠠᠳᠤᠬᠤ ᠡᠭᠦᠰᠬᠡᠯ᠂ ᠬᠠᠳᠤᠬᠤ ᠬᠠᠢᠴᠢᠯᠠᠬᠤ ᠡᠭᠦᠰᠬᠡᠯ᠂ ᠬᠠᠳᠤᠬᠤ ᠬᠠᠺᠠᠬᠤ ᠡᠭᠦᠰᠬᠡᠯ᠂ ᠬᠠᠳᠤᠬᠤ ᠪᠣᠭᠣᠴᠠᠯᠠᠬᠤ ᠡᠭᠦᠰᠬᠡᠯ ᠵᠡᠷᠭᠡ ᠪᠠᠢᠨ᠎ᠠ᠃

- ᠬᠠᠳᠤᠬᠤ → ᠬᠠᠳᠤᠭᠰᠠᠨ ᠡᠪᠡᠰᠦ ᠶᠢ ᠬᠡᠪᠲᠡᠭᠡᠵᠦ ᠬᠠᠺᠠᠭᠠᠨ᠎ᠠ᠃
- ᠬᠠᠢᠴᠢᠯᠠᠬᠤ → ᠬᠠᠳᠤᠭᠤ ᠪᠠᠨ ᠬᠠᠺᠠᠭᠠᠳ 48 h ᠬᠦᠷᠲᠡᠯ᠎ᠡ ᠳᠤ ᠬᠠᠢᠴᠢᠯᠠᠬᠤ᠂ ᠤᠰᠤᠨ ᠤ ᠬᠡᠮᠵᠢᠶ᠎ᠡ ᠨᠢ 30% ᠬᠦᠷᠬᠦ ᠪᠡᠷ ᠬᠠᠺᠠᠨ᠎ᠠ᠃
- ᠬᠠᠺᠠᠬᠤ → ᠬᠠᠳᠤᠭᠤ ᠪᠠᠨ ᠬᠠᠯᠢᠭᠤ (ᠡᠭᠦᠯᠡ) ᠳᠣᠣᠷ᠎ᠠ ᠬᠠᠺᠠᠭᠠᠳ 36 ~ 48 h ᠬᠠᠢᠴᠢᠯᠠᠬᠤ᠂ ᠤᠰᠤᠨ ᠤ ᠬᠡᠮᠵᠢᠶ᠎ᠡ ᠨᠢ 18% ~ 20% ᠪᠣᠯᠤᠨ᠎ᠠ᠃
- ᠪᠣᠭᠣᠴᠠᠯᠠᠬᠤ → ᠬᠠᠳᠠᠭᠠᠯᠠᠬᠤ ᠬᠠᠳᠤᠭᠤ ᠶᠢᠨ ᠤᠰᠤᠨ ᠤ ᠬᠡᠮᠵᠢᠶ᠎ᠡ ᠨᠢ 15% ~ 18% ᠪᠣᠯᠬᠤ᠂ 20% ᠡᠴᠡ ᠬᠡᠲᠦᠷᠡᠬᠦ ᠦᠭᠡᠢ᠃
- ᠬᠠᠳᠠᠭᠠᠯᠠᠬᠤ → ᠪᠣᠭᠣᠴᠠ ᠬᠠᠳᠠᠭᠠᠯᠠᠬᠤ᠂ ᠪᠣᠭᠣᠴᠠ ᠪᠣᠯᠭᠠᠨ᠎ᠠ᠃
- ᠲᠡᠵᠢᠭᠡᠯᠡᠬᠦ → ᠲᠡᠵᠢᠭᠡᠯᠡᠭᠰᠡᠨ ᠬᠠᠳᠤᠭᠤ ᠶᠢᠨ ᠴᠢᠨᠠᠷ ᠢ ᠬᠠᠮᠠᠭᠠᠯᠠᠬᠤ᠂ ᠮᠠᠯ ᠤᠨ ᠲᠡᠵᠢᠭᠡᠯ ᠳᠦ ᠬᠡᠷᠡᠭᠯᠡᠨ᠎ᠡ᠃

ᠲᠠᠷᠢᠮᠠᠯ ᠰᠢᠳᠤᠷ ᠬᠠᠳᠤᠭᠤ ᠶᠢᠨ ᠴᠢᠨᠠᠷ ᠢ ᠬᠠᠳᠠᠭᠠᠯᠠᠬᠤ ᠶᠢᠨ ᠬᠡᠷᠡᠭᠴᠡᠭ᠎ᠡ᠃

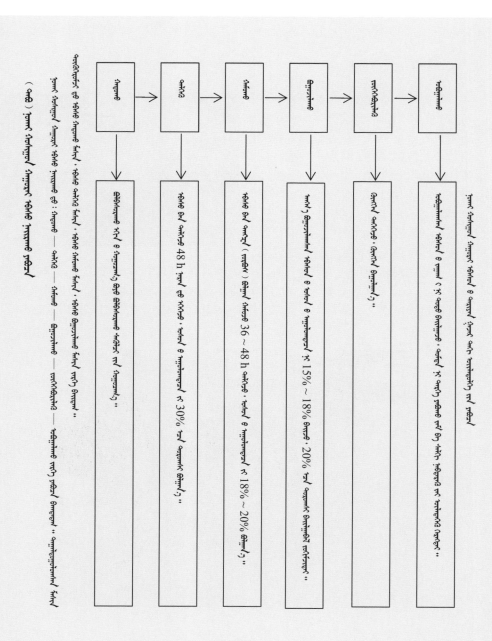

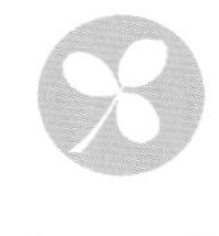

二、青贮

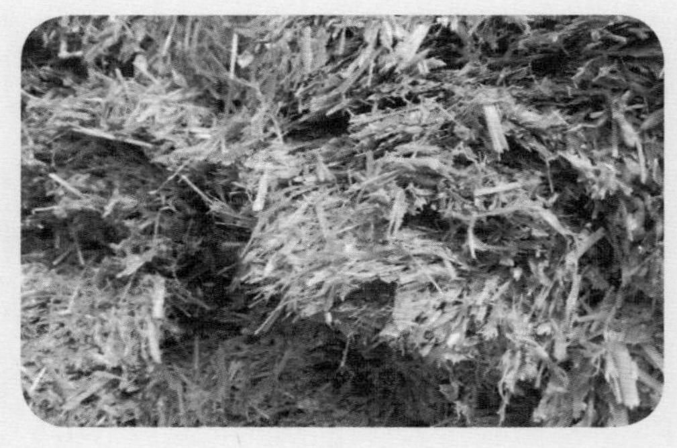

青贮饲料不仅在奶牛业中具有不可替代的作用，而且在肉牛业和养羊业中也具有重要作用，并且随着我国畜牧业的快速发展，其应用领域也在不断拓展，产业化程度也在不断提升，经济效益日益凸显。美国每年生产调制青贮料为1.3亿～1.5亿t，这足以说明青贮饲料的重要性。而且对湿度大、冬季寒冷的奶牛养殖地区来说，青贮饲料就显得尤为重要。许多作物或饲草可以制作青贮饲料，燕麦也不例外。虽然调制干草是燕麦生产的主要目的，但制作青贮饲料也是燕麦生产管理中的一项重要策略，特别是生长季降雨量大的地区，燕麦青贮就显得尤为重要。

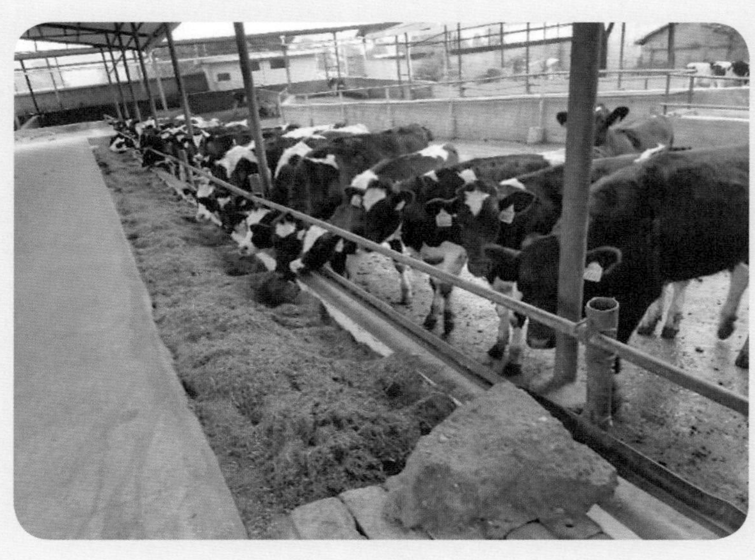

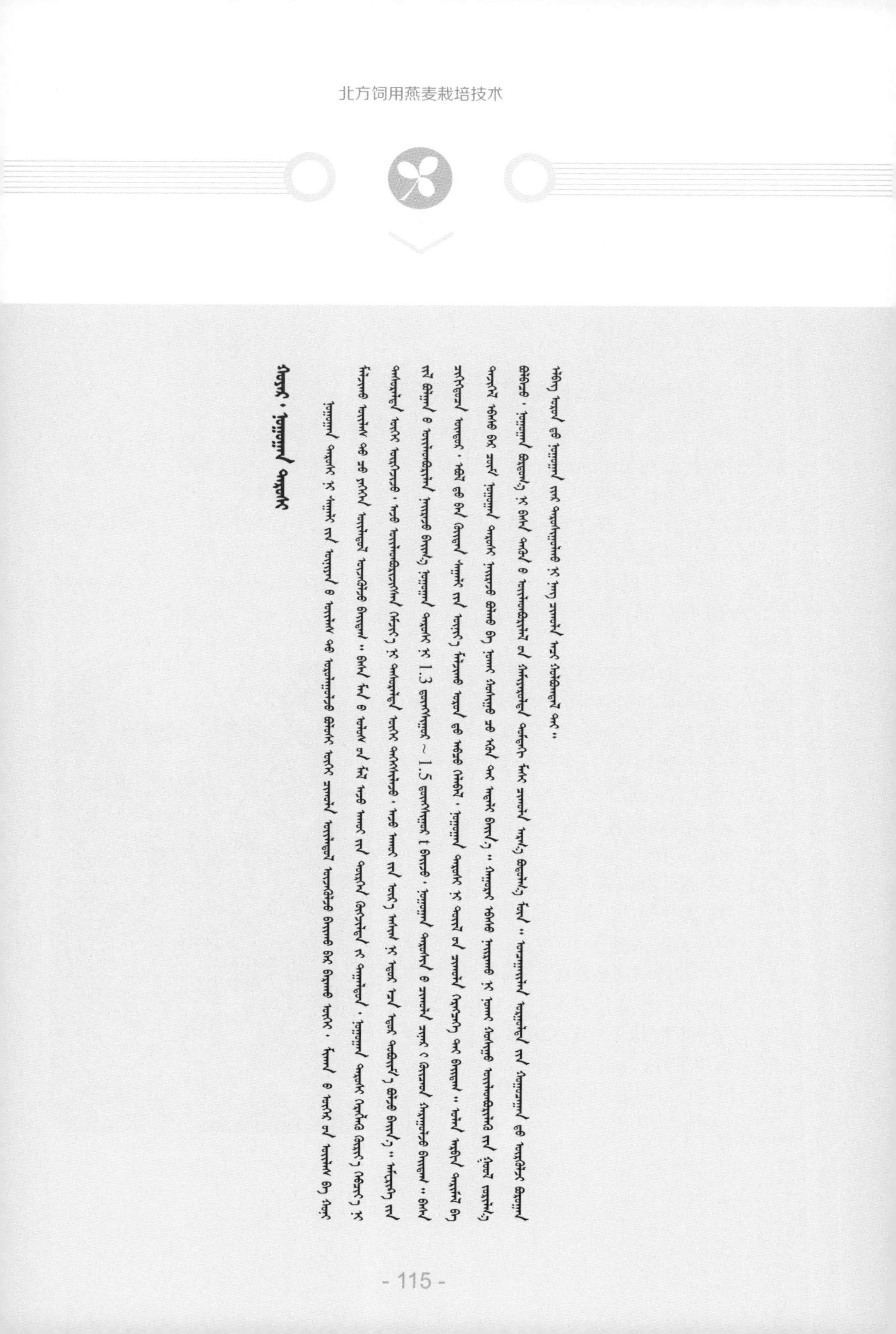

ᠭᠤᠷᠪᠠ᠂ ᠬᠠᠳᠠᠭᠠᠯᠠᠬᠤ

[illegible]

（一）影响青贮品质的因素

青贮过程实质是一个微生物活动代谢作用下进行的发酵过程，青贮饲料品质除受微生物活动代谢的影响外，还受调制青贮时饲草的特性和调制技术的影响。

1. 原料特性

（1）水分：一般青贮原料水分含量在65%～75%较为适宜。但青贮原料适宜含水量因原料的种类和质地不同而有所差异，质地粗硬的原料含水量可以高达78%～82%，收割早、幼嫩、多汁、柔软的原料含水量为60%左右为好；原料的种类不同，其青贮所要求的水分含量也不尽相同，燕麦含水量以60%～70%为宜。

（2）糖分：适宜的含糖量是乳酸菌发酵的营养物质基础，原料含糖量的多少直接影响到青贮效果的好坏。所以，为了达到乳酸菌迅速繁殖的目的，青贮原料中糖分的含量不宜低于鲜重的1.0%～1.5%。含糖量的高低因青贮原料不同而有所差异，如青贮玉米、高粱、禾本科饲草等饲草，含糖量较高，易于青贮。

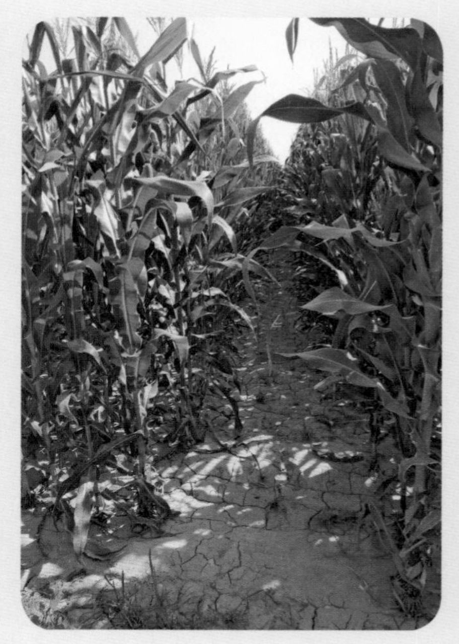

（3）缓冲能力：饲草的缓冲能力，也就是饲草青贮后抗御pH改变的能力，是影响青贮饲料调制品质的主要因素。缓冲能力因饲草的种类不同而有所差异，豆科饲草的缓冲能力高于禾本科饲草，如黑麦草的缓冲能值为250～400 mg当量/kg，苜蓿和三叶草的缓冲能值为500～600 mg当量/kg。

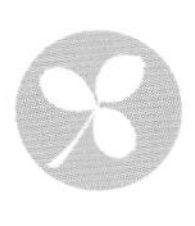

(3) ᠬᠣᠬᠢᠷᠠᠭᠤᠯᠬᠤ ᠪᠣᠳᠠᠰ : ᠬᠥᠷᠥᠰᠥᠨ ᠦ ᠬᠣᠬᠢᠷᠠᠭᠤᠯᠬᠤ ᠪᠣᠳᠠᠰ ᠢ ᠬᠥᠷᠥᠰᠥᠨ ᠳᠦ ᠲᠠᠷᠢᠶᠠᠯᠠᠩ ᠤᠨ ᠬᠡᠷᠡᠭᠰᠡᠬᠦ ᠶᠢᠨ ᠬᠡᠮᠵᠢᠶ᠎ᠡ pH ᠬᠡᠮᠵᠢᠶ᠎ᠡ ᠶᠢᠨ ᠡᠷᠭᠢᠯᠲᠡ ᠪᠠ ᠬᠣᠬᠢᠷᠠᠭᠤᠯᠬᠤ ᠪᠣᠳᠠᠰ ᠢ ᠬᠠᠩᠭᠠᠬᠤ ᠪᠣᠯᠤᠨ᠎ᠠ ᠃ ᠬᠡᠷᠡᠭᠯᠡᠬᠦ ᠶᠢᠨ ᠬᠣᠬᠢᠷᠠᠭᠤᠯᠬᠤ ᠪᠣᠳᠠᠰ ᠢ ᠬᠥᠷᠥᠰᠥᠨ ᠦ ᠬᠡᠮᠵᠢᠶ᠎ᠡ ᠪᠡᠷ ᠲᠣᠭᠲᠠᠭᠠᠨ᠎ᠠ ᠃ ᠲᠠᠷᠢᠶᠠᠯᠠᠩ ᠤᠨ ᠬᠣᠬᠢᠷᠠᠭᠤᠯᠬᠤ ᠪᠣᠳᠠᠰ ᠤᠨ ᠬᠡᠮᠵᠢᠶ᠎ᠡ ᠶᠢ 250 ~ 400 mg ᠬᠡᠮᠵᠢᠶ᠎ᠡ/kg ᠪᠣᠯᠭᠠᠵᠤ ᠂ ᠬᠠᠯᠢᠭᠤᠨ ᠤ ᠬᠡᠮᠵᠢᠶ᠎ᠡ ᠶᠢ 500 ~ 600 mg ᠬᠡᠮᠵᠢᠶ᠎ᠡ/kg ᠪᠣᠯᠭᠠᠨ᠎ᠠ ᠃

2. 制作工艺

（1）切短或粉碎：切短的作用之一是增加原汁渗出机会（这种渗出液是含糖量高的植物细胞汁液），能使糖分分布均匀，这是优质发酵的重要条件。另外，切短后易于装填压实与排尽空气，而且家畜容易采食。

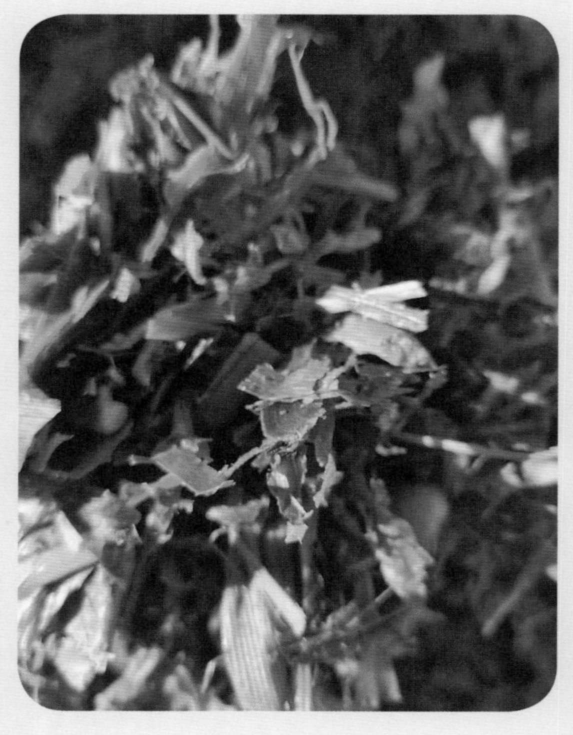

（2）装填速度：新鲜燕麦原料在青贮窖内被密封后仍残留少量氧气，在此期间，植物细胞并未立即死亡，在1～3天仍进行呼吸，附着在原料上的酵母菌、霉菌、腐败菌和醋酸菌等好气性微生物，利用植物细胞中的可溶性碳水化合物等养分进行生长繁殖。因此，在青贮时，快速装填有利于缩短青贮过程中需氧发酵时间，以减少养分损失和降低青贮饲料堆内温度，从而提高青贮饲料品质。

（3）青贮添加剂：在实际青贮生产中，原料中的水分含量往往是不易控制的因素之一。对于水分过高的原料除采取适当的晾晒措施或添加玉米面、糠麸等具有一定吸水功能的物料达到调节水分的目的外，还可以直接加入青贮添加剂。根据青贮添加剂的作用不同可分为三类：发酵促进剂、发酵抑制剂和营养添加剂。

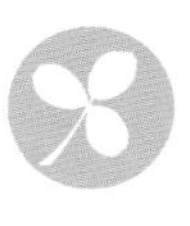

(3)

1 ~ 3

(2)

(1)

2.

3. 环境条件

（1）厌氧环境：青贮时窖内的氧气含量是保证青贮能否成功的关键因素。当装填不严，窖内空气过多，氧化作用强烈，微生物产生的热量过多，不利于乳酸菌的繁殖，而腐败菌、霉菌等好氧性微生物的活动加强，营养成分损失增大，引起青贮饲料变质。

近几年除了常用的青贮窖、青贮壕、青贮塔等贮存设施外，出现了一些更加方便可行的青贮方式，如饲草捆裹青贮技术。其特点是采用机械辅助及专用拉伸膜袋，使被贮饲草密度高，压实密封性好，青贮饲料质量好；与传统青贮方法相比最大优点是，根据实际用量开包，可完全避免二次发酵，贮存期长，贮存质量好，安全性高，可以移动，可以把本来不易构成商品的鲜草变为商品。

（2）发酵温度：青贮原料装入青贮窖内或其他容器后细胞仍在呼吸，将碳水化合物氧化，生成二氧化碳和水，同时放出热能。青贮窖的密闭性越差，窖内微生物氧化作用就越强烈，窖内的温度就越高，对青贮的影响就越明显。乳酸发酵的适宜温度为19 ～ 37℃，而丁酸发酵则要求较高的温度。因此，必须掌握好窖内温度，一般以20 ～ 30℃为宜，最高不超过37℃。

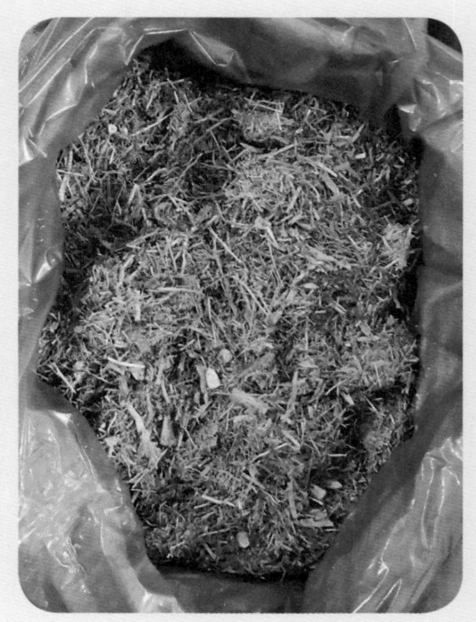

4. 其他因素

饲草青贮品质受许多因素的影响，除上述因素外，还受饲草种类、栽培管理措施、收获时间及调制技术等的影响。因此，应从青贮原料的栽培生产到加工调制及青贮后的管理，都要十分注意影响其发酵品质的因素，扬长避短才能获得优良品质的青贮饲料。

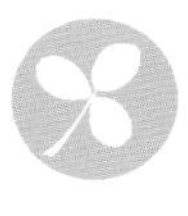

3. [illegible]

(1) [illegible] : [illegible]

[illegible] :: [illegible]

[illegible] ::

[illegible] ::

(2) [illegible] : [illegible] ::

4. [illegible] :

20～30℃ [illegible] 37℃ [illegible] ::

[illegible] 19～37℃ [illegible]

[illegible] ::

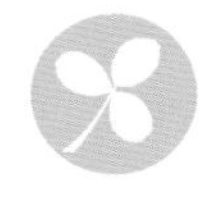

（二）青贮要点

通常在青贮饲料开始制作后，收割、切碎和装窖要连续进行，直到所有青贮的原料收割装填完毕。正确制作的青贮饲料可以长期储存而不变质，所以说正确的制作方法是获得优质青贮饲料的基础。

1. 原料的适时收割

（1）收割期的选择：为最大限度地获得单位面积的营养物质高产，青贮原料必须在适宜的成熟期收割。同时，合适的水分和碳水化合物的含量也非常关键。收割时期过早，青贮原料含水较高，但单位面积营养物质产量不一定高；收割时期过晚，原料中的营养物质含量下降。燕麦的适宜收割期为乳熟期，此时含水量为65% ～ 75%。

（2）收割方法：青贮原料的收割方法有人工收割和机械收割两种。种植面积较小，没有青贮饲料收获机的农户，可采用人工收割的方法，首先将青贮饲草割倒，再装到运输车上，将其运输到青贮现场进行切碎。种植面积较大，最好选用青贮饲料收获机进行收割。当前比较适用的机械是青贮饲料联合收割机，在一次作业中可以完成收割、拾捡、切碎、装载等多项工作。

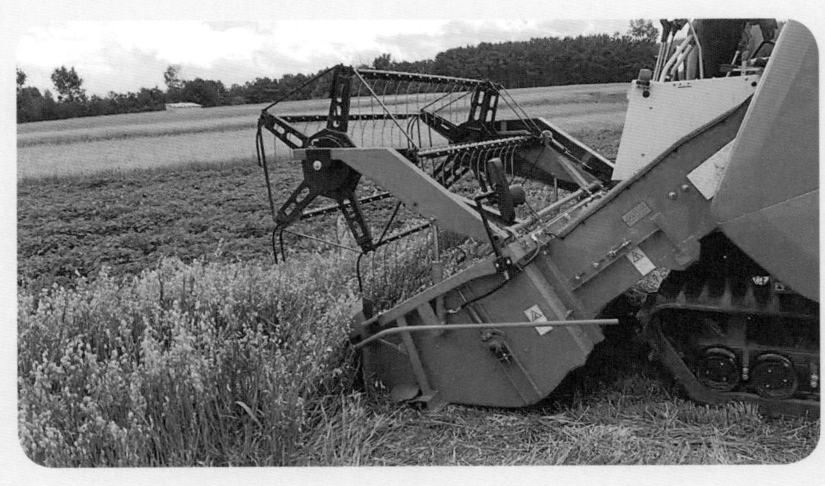

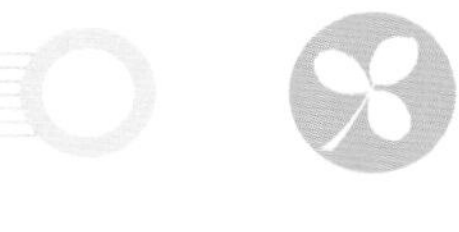

（3）含水量的手测法：在生产实践中通常采用比较简便的手测法来判断原料中的含水量。抓一把已切碎的青贮原料，用力握紧1 min左右，如水从手指间滴出，但手松开后原料能保持团状，不易散开，手被湿润，含水量则为68% ～ 75%；当手松开后团状原料慢慢散开，手上无湿印，含水量则为60% ～ 70%；当手松开后草团立即散开，含水量则为60%以下。

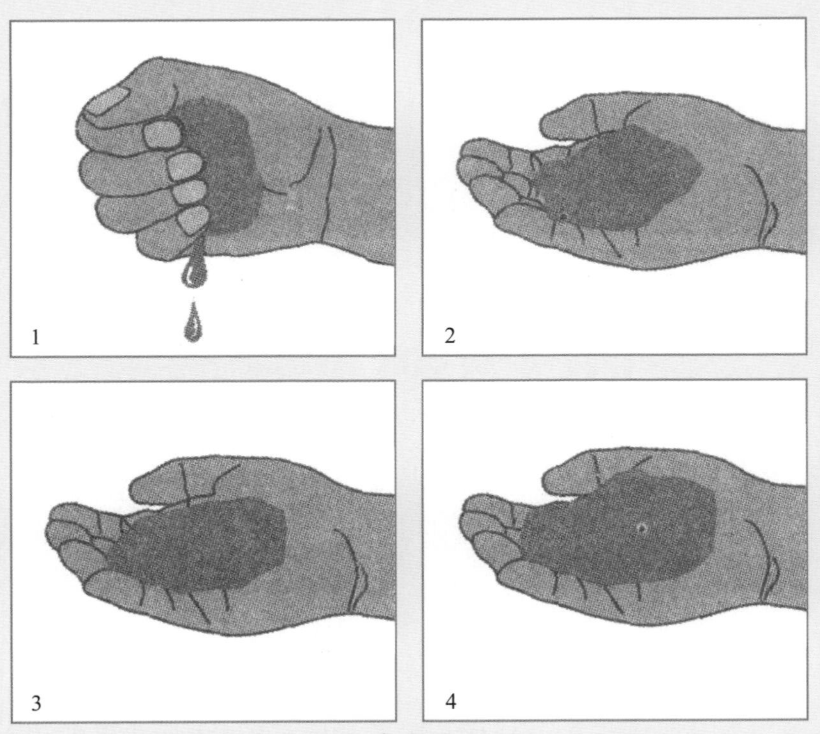

青贮水分快速检验

ᠲᠡᠭᠡᠭᠡᠳ ᠬᠡᠰᠡᠭ ᠡᠪᠡᠰᠦ ᠶᠢ ᠭᠠᠷ ᠢᠶᠠᠷ ᠬᠠᠮᠰᠤᠭᠠᠳ ᠪᠠ 1 min ᠬᠢᠷᠤ ᠴᠢᠩᠭᠠᠳᠬᠠᠵᠤ ᠬᠠᠳᠠᠭᠠᠯᠠᠬᠤ ᠳᠤ ᠤᠰᠤᠨ ᠢ ᠰᠢᠪᠬᠢᠯᠠᠬᠤ ᠤ ᠬᠡᠮᠵᠢᠶ᠎ᠡ ᠶᠢ ᠲᠣᠭᠠᠴᠠᠬᠤ᠂ ᠬᠠᠳᠠᠭᠠᠯᠠᠬᠤ ᠳᠤ ᠳᠣᠲᠣᠷᠠᠬᠢ ᠳᠤ ᠬᠡᠷᠡᠭᠲᠡᠢ

2. 运输

收割的原料含水量适中，不需要进行凋萎处理的话，要及时将原料运到青贮地点，以防在田间时间过长水分蒸发和因细胞呼吸作用造成养分损失。人工收割的整株原料要随割、随运、随切碎和随装窖。机械收获的切碎原料要及时运到青贮窖进行装填、压实。

3. 切碎

在收割时或晾晒后将待青贮的原料切碎。这样做可以使原料更容易装填，能更好地将有害气体排出，以便建立厌氧环境。切碎长度取决于饲喂家畜和原料的种类和质地。一般切碎长度应控制在 1 ～ 2 cm 为宜。

4. 装填和压实

装填和压实是制作优质的青贮饲料的关键。在地面青贮堆或青贮壕中，可以用拖拉机在装填的原料上压实。装填青贮原料时，应逐层装填，小型窖可用人工踩压，一般人工踩压厚度每层 15 cm 左右，机械压实厚度每层一般不超过 30 cm，压实后再继续装填。

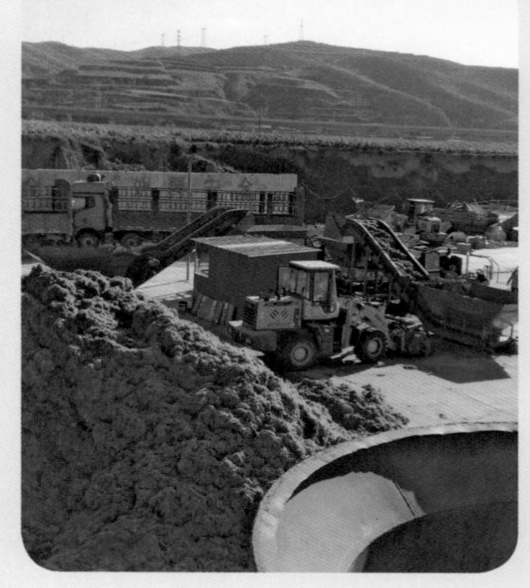

切碎、装填、压实是一个连续过程，应做到随切碎、随装填、随压实。原料一定要均匀切碎，不要长短不一，切碎的原料要尽量避免暴晒；装填的速度既要快又要安全。原料一定要装填均匀并压实，压得越实越好。

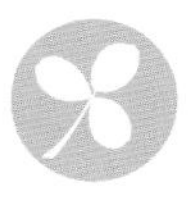

2. [illegible]

[illegible]

3. [illegible]

[illegible] 1 ~ 2 cm [illegible]

4. [illegible]

[illegible] 15 cm [illegible] 30 cm [illegible]

[illegible]

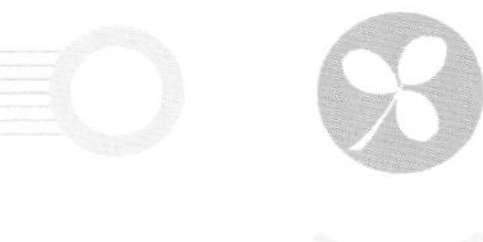

5. 密封

青贮容器中的原料装填压实以后，要及时密封和覆盖。目的是隔绝空气继续与原料接触，使容器内呈厌氧状态，以抑制好气性微生物发酵。

6. 青贮工艺流程

青贮饲料的制作有以下步骤：刈割→切碎→装填→密封。

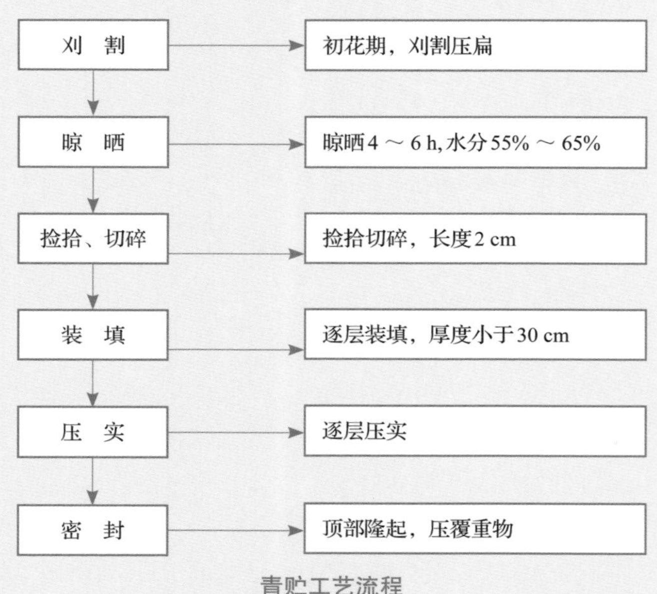

青贮工艺流程

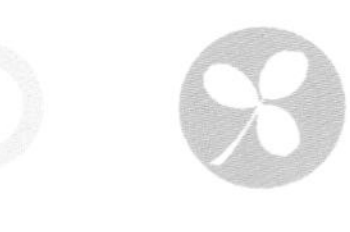

5. ᠪᠣᠯᠪᠠᠰᠤᠷᠠᠭᠤᠯᠬᠤ

ᠬᠠᠳᠠᠭᠠᠯᠠᠭᠰᠠᠨ ᠲᠣ ᠶᠢᠨ ᠰᠢᠯᠤᠰᠤᠯᠠᠭᠰᠠᠨ ᠲᠡᠵᠢᠭᠡᠯ ᠪᠣᠯᠪᠠᠰᠤᠷᠠᠭᠤᠯᠬᠤ ᠬᠡᠷᠡᠭᠲᠡᠢ ᠃ ᠲᠡᠷᠡ ᠪᠡᠷ ᠬᠠᠳᠠᠭᠠᠯᠠᠬᠤ ᠲᠤ ᠰᠢᠨ᠎ᠡ ᠳᠦᠷ ᠰᠢᠯᠵᠢᠭᠦᠯᠦᠨ᠎ᠡ ᠂ ᠬᠠᠭᠤᠷᠠᠭᠰᠠᠨ ᠤ ᠳᠠᠷᠠᠭ᠎ᠠ ᠬᠡᠷᠡᠭᠯᠡᠭᠳᠡᠨ᠎ᠡ ᠪᠣᠯᠪᠠᠰᠤᠷᠠᠭᠤᠯᠬᠤ ᠶᠢᠨ ᠬᠤᠭᠤᠴᠠᠭ᠎ᠠ ᠂ ᠲᠡᠵᠢᠭᠡᠯ ᠦᠨ ᠴᠢᠨᠠᠷ ᠢ ᠬᠠᠮᠠᠭᠠᠯᠠᠬᠤ ᠶᠢᠨ ᠲᠥᠯᠥᠭ᠎ᠡ ᠬᠢᠨ᠎ᠡ ᠃

6. ᠰᠢᠯᠤᠰᠤᠯᠠᠬᠤ ᠶᠢᠨ ᠠᠵᠢᠯᠯᠠᠭᠤᠯᠬᠤ ᠳᠠᠷᠠᠭᠠᠯᠠᠯ ᠤᠨ ᠵᠢᠷᠤᠭ

ᠰᠢᠯᠤᠰᠤᠯᠠᠬᠤ ᠠᠵᠢᠯᠯᠠᠭᠤᠯᠬᠤ ᠶᠢᠨ ᠡᠬᠡᠯᠡᠯ ᠦᠨ ᠳᠠᠷᠠᠭᠠᠯᠠᠯ ᠨᠢ ᠄ ᠬᠠᠳᠤᠬᠤ → ᠬᠠᠢᠴᠢᠯᠠᠬᠤ → ᠳᠦᠭᠦᠷᠭᠡᠬᠦ → ᠪᠣᠯᠪᠠᠰᠤᠷᠠᠭᠤᠯᠬᠤ ᠃

ᠬᠠᠳᠤᠬᠤ →	ᠰᠦᠷᠦᠭ ᠦᠨ ᠦᠶ᠎ᠡ ᠳᠤ ᠬᠠᠳᠤᠨ ᠂ ᠬᠠᠭᠤᠷᠠᠭᠤᠯᠬᠤ ᠃
ᠬᠠᠭᠤᠷᠠᠬᠤ →	4 ~ 6 h ᠬᠦᠷᠲᠡᠯ᠎ᠡ ᠬᠠᠭᠤᠷᠠᠭᠤᠯᠵᠤ ᠂ ᠤᠰᠤᠨ ᠤ ᠬᠡᠮᠵᠢᠶ᠎ᠡ 55% ~ 60% ᠬᠦᠷᠬᠦ ᠃
ᠬᠠᠢᠴᠢᠯᠠᠬᠤ ᠂ ᠵᠢᠰᠳᠠᠬᠤ →	ᠬᠠᠢᠴᠢᠯᠠᠬᠤ ᠂ 2 cm ᠤᠷᠲᠤ ᠪᠠᠢᠯᠭᠠᠨ ᠵᠢᠰᠳᠠᠨ᠎ᠠ ᠃
ᠳᠦᠭᠦᠷᠭᠡᠬᠦ →	ᠳᠠᠪᠬᠤᠷᠯᠠᠨ ᠳᠦᠭᠦᠷᠭᠡᠵᠦ ᠂ 30 cm ᠲᠤᠲᠠᠮ ᠳᠠᠷᠤᠨ᠎ᠠ ᠃
ᠠᠮᠠᠰᠠᠷᠯᠠᠬᠤ →	ᠴᠢᠩᠭᠠ ᠴᠢᠩᠭᠠ ᠳᠠᠷᠤᠵᠤ ᠪᠠᠭᠠᠳ ᠠᠮᠠᠰᠠᠷᠯᠠᠨ᠎ᠠ ᠃
ᠪᠣᠯᠪᠠᠰᠤᠷᠠᠭᠤᠯᠬᠤ	ᠪᠣᠯᠪᠠᠰᠤᠷᠠᠭᠤᠯᠤᠨ ᠰᠢᠯᠤᠰᠤᠯᠠᠬᠤ ᠃

ᠰᠢᠯᠤᠰᠤᠯᠠᠬᠤ ᠶᠢᠨ ᠠᠵᠢᠯᠯᠠᠭᠤᠯᠬᠤ ᠳᠠᠷᠠᠭᠠᠯᠠᠯ ᠤᠨ ᠵᠢᠷᠤᠭ

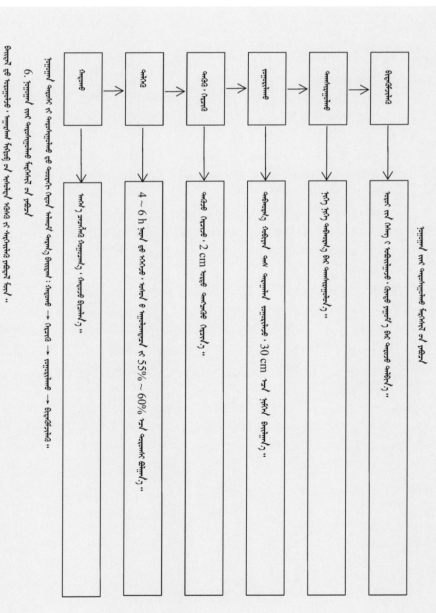

（三）青贮注意事项

1. 饲草的适时收获

掌握好燕麦的收割时间，以保证原料的产量、营养价值、含水量等，从而保证青贮饲料的产量和质量。为了获得含糖量较高的原料，应注意以下几点。

（1）在天气晴好的日子里刈割。

（2）在刈割前4 ～ 5周不宜施用氮肥。

（3）刈割后适当的凋萎或晾晒有助于提高原料的干物质和糖分含量。

2. 青贮原料的水分调控

控制好原料的含水量。理论上讲，在合适时间收割的原料可随割随贮，但对部分含水量较高的原料收割后其水分含量超过青贮要求，须通过凋萎、晾晒，或在原料中加入吸水性强的饲料来调节水分到最适宜的程度。

3. 控制作业速度

在青贮工作中，要把握“五”原则，即快收、快运、快切、快装、快封。收割、运送、切碎、装填青贮原料的速度要快，小型窖最好在1天内将窖装满，并完成全部青贮作业，大型窖两天内将窖装满，并封盖好。拖延封窖时间对青贮发酵有不利影响。对一个地方而言，如果对大面积的饲草进行青贮时，也应尽量缩短青贮作业时间，青贮制作过程越快越好，一般控制在1周以内为好。

4. 保持卫生清洁

在青贮过程中，还应保证青贮原料与环境的清洁卫生，以确保青贮质量。此外，为了提高青贮饲料的质量与延长其保存时间，也可以在原料中加入一定量的防腐剂（如福尔马林、甲酸），以及一些营养元素（如尿素等）。

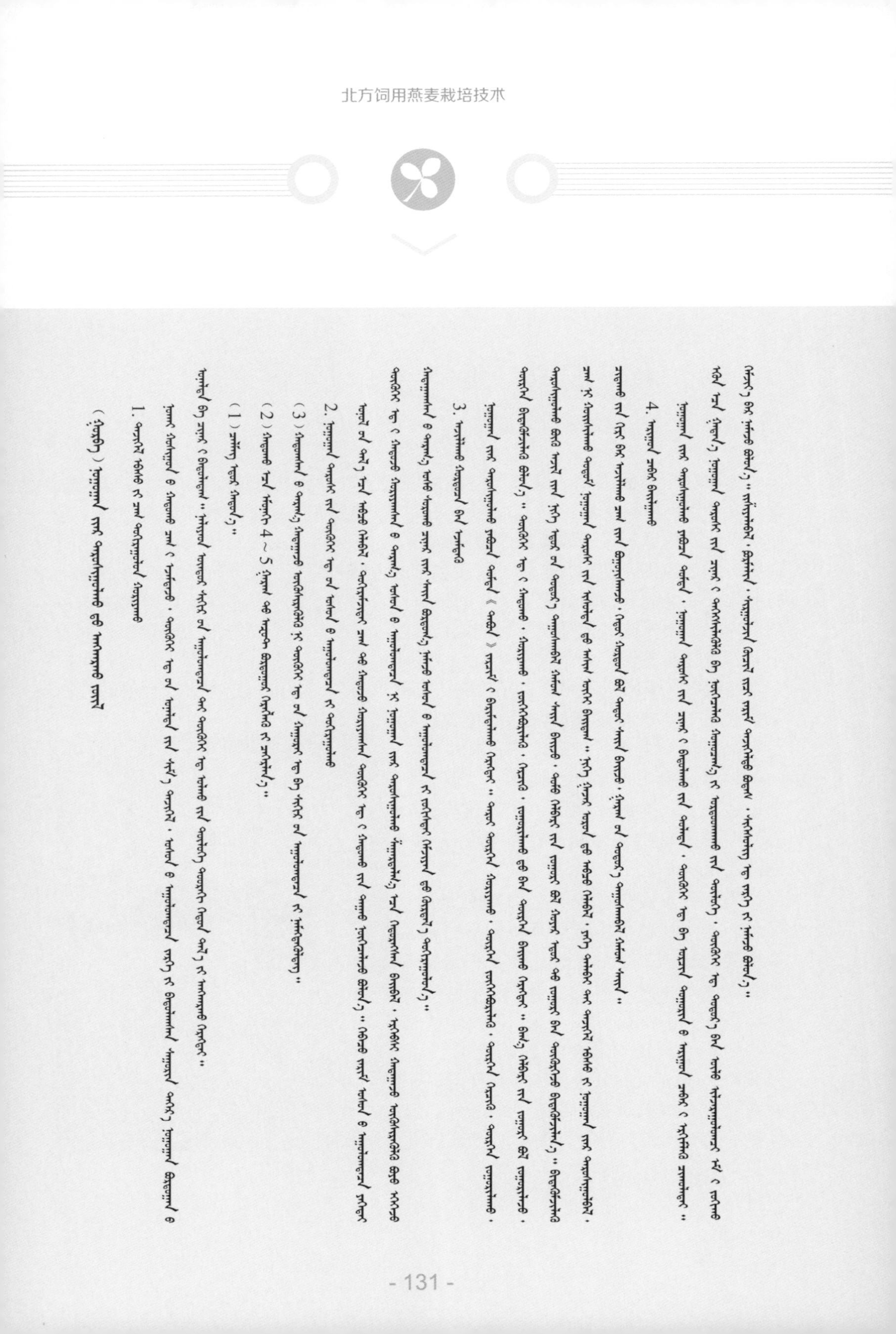

([illegible]) [illegible]

1. [illegible]

[illegible]

[illegible]

(1) [illegible]

(2) [illegible] 4 ~ 5 [illegible]

(3) [illegible]

2. [illegible]

[illegible]

[illegible]

3. [illegible]

[illegible] 《 [illegible] 》 [illegible]

[illegible]

[illegible]

[illegible]

4. [illegible]

[illegible]

[illegible]

[illegible]

第七章　燕麦干草质量评价

优质饲草是促进奶业健康可持续发展的基础，也是保障牛奶质量安全的基础。为了保证牛奶的质量安全，世界各国均禁止给奶牛饲喂动物性蛋白饲料，这使得以优质饲草为代表的植物性蛋白饲料成为奶牛养殖必不可少的投入品。我国近些年奶业的飞速发展，带动了优质饲草的生产和使用，优质饲草生产逐步走向产业化。我国饲草种植目前多年生的饲草以苜蓿为主，一年多生的以青贮玉米和燕麦为主，由于我国饲草规模化产业发展起步较晚，国产草产品的产量和质量还不能满足奶业需要。

在优质饲草需求不足、饲草价格走高的形势下，我国饲用燕麦的种植面积逐年扩大，干草产量逐年增加。但也存在着产品质量参差不齐、缺乏评价标准的问题，给燕麦干草生产、使用、贸易带来很多不便。而澳大利亚由于有较为完善的燕麦干草质量标准，能够比较容易地进入我国市场。

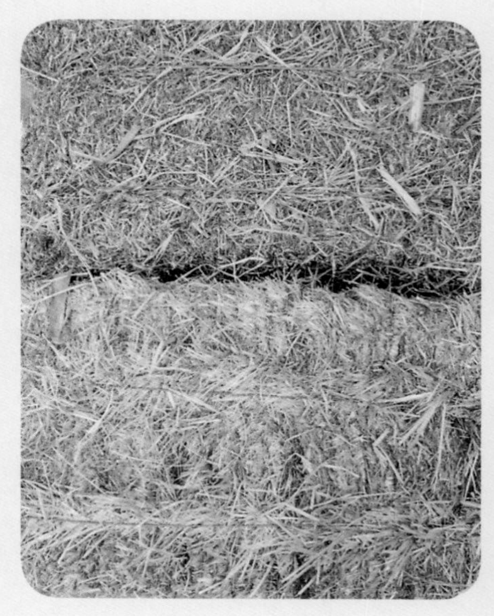

饲用燕麦生产在我国有很好的资源优势，燕麦和苜蓿生产对于奶业具有同等重要的地位，不可偏废。为了促进国产燕麦干草生产，对燕麦干草质量进行科学评价十分必要。

燕麦干草要求表面绿色或浅绿色，因日晒、雨淋或贮藏等原因导致干草表面发黄或失绿的，其内部应为绿色或浅绿色；无异味或有干草芳香味；无霉变。

[illegible]

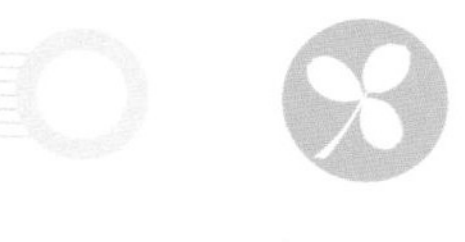

A型燕麦干草：一种燕麦干草产品类型。特点是含有8%以上的粗蛋白质（干物质基础），部分可达14%以上。主要产自我国部分产区，以及美国、加拿大等国。

A型燕麦干草质量分级

化学指标	等级			
	特　级	一　级	二　级	三　级
中性洗涤纤维NDF（%）	<50	≥55，<59	≥59，<62	≥62，<65
酸性洗涤纤维ADF（%）	<33	≥33，<36	≥36，<38	≥38，<40
粗蛋白质CP（%）	≥14	≥12，<14	≥10，<12	≥8，<10
水分（%）	≤14			

A [illegible] : [illegible] 8% [illegible] ([illegible]) [illegible] 14% [illegible] :: [illegible] ::

A [illegible]

[illegible]		[illegible] NDF（%）	[illegible] ADF（%）	CP（%）	[illegible]（%）
[illegible]	[illegible]	≥62·<65	≥38·<40	≥8·<10	
	[illegible]	≥59·<62	≥36·<38	≥10·<12	
	[illegible]	≥55·<59	≥33·<36	≥12·<14	
	[illegible]	<50	<33	≥14	≤14

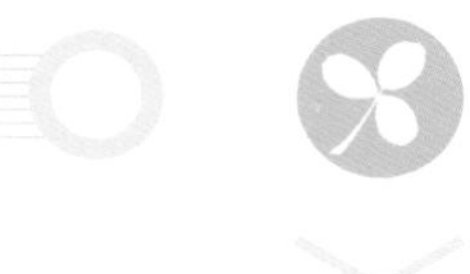

B型燕麦干草：一种燕麦干草产品类型。特点是含有15%以上的水溶性碳水化合物（干物质基础），部分可达30%以上。主要产自我国部分产区，以及澳大利亚等国。

B型燕麦干草质量分级

化学指标	等级			
	特 级	一 级	二 级	三 级
中性洗涤纤维NDF（%）	<50	≥50，<54	≥54，<57	≥57，<60
酸性洗涤纤维ADF（%）	<30	≥30，<33	≥33，<35	≥35，<37
水溶性碳水化合物WSC（%）	≥30	≥25，<30	≥20，<25	≥15，<20
水分（%）	≤14			

注：中性洗涤纤维、酸性洗涤纤维和水溶性碳水化合物均为干物质基础，引自中国畜牧业协会标准《燕麦干草质量分级》T/CAAA002−2018。

B [illegible] 15% [illegible] 30% [illegible] ([illegible]) [illegible] ::

[illegible] ::

B [illegible]

[illegible]		[illegible] NDF（%）	[illegible] ADF（%）	[illegible] WSC（%）	[illegible]（%）
[illegible]	[illegible]	<50	<30	≥30	≤14
	[illegible]	≥50·<54	≥30·<33	≥25·<30	
	[illegible]	≥54·<57	≥33·<35	≥20·<25	
	[illegible]	≥57·<60	≥35·<37	≥15·<20	

[illegible] ::

[illegible]《[illegible]》T/CAAA002 – 2018 ::

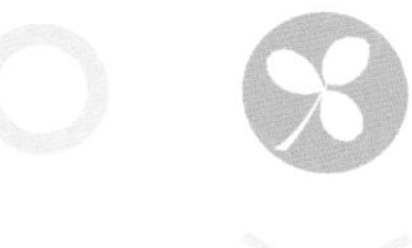

一、粗蛋白

在我国奶牛养殖过程中燕麦与苜蓿是必不可少的饲料组成，但目前国内严重短缺蛋白质饲料，而且奶牛生产水平越来越高，对蛋白质饲料的需求也日益增加，生产高蛋白燕麦干草对于减少蛋白质饲料进口、满足奶牛蛋白质营养需要、降低饲料成本等都有重要作用。粗蛋白是家畜必需的营养物质，也是评价饲草营养价值的主要指标之一。因此，应把粗蛋白质含量作为首要评价指标。奶牛所需营养物质中接近50%的粗蛋白由饲草提供。国产燕麦干草在粗蛋白含量上存在明显优势。如能严格按照生育期适时收获，可以生产高质量的燕麦干草。

燕麦的营养成分

样品	水分（%）	占干物质（%）				
		粗蛋白质	粗脂肪	粗纤维	无氮浸出物	粗灰分
籽粒	10.9	12.9	3.9	14.8	53.9	3.6
鲜草	80.4	2.9	0.9	5.4	8.9	1.5
秸秆	13.5	3.6	1.7	35.7	37.0	8.5

注：引自陈宝书，2001。

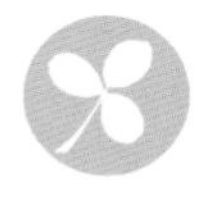

[illegible]：[illegible] · 2001 [illegible]

[illegible] (%)	[illegible]	3.6	1.5	8.5
	[illegible]	53.9	8.9	37.0
	[illegible]	14.8	5.4	35.7
	[illegible]	3.9	0.9	1.7
	[illegible]	12.9	2.9	3.6
[illegible] (%)		10.9	80.4	13.5
[illegible]		[illegible]	[illegible]	[illegible]

[illegible]

[illegible]

[illegible]

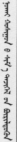

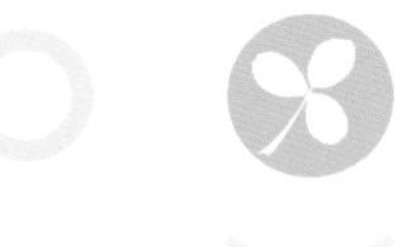

二、纤维和脂肪

酸性洗涤纤维和中性洗涤纤维是衡量饲草品质的两个重要指标。酸性洗涤纤维包括纯纤维素和酸性纤维素两部分；而中性洗涤纤维包括纤维素、半纤维素、木质素和硅酸盐等。中性洗涤纤维在粗饲料中含量丰富，对反刍动物具有一定的营养价值。与苜蓿干草相比，燕麦干草的中性洗涤纤维和酸性洗涤纤维含量较高。燕麦干草比苜蓿干草含有更多的容易消化的半纤维素和纤维素。因此，燕麦干草含有较高的中性洗涤纤维时并不降低干物质消化率，也不会明显限制干物质采食量。

粗脂肪是饲料中的一个重要组成部分，虽然各种动物对它的需求量不大，但是不能缺少。若饲料中粗脂肪含量超过5%，易引起家畜腹泻或瘦肉率降低，对于反刍动物还会抑制瘤胃微生物的繁殖，从而降低消化功能。

燕麦干草与苜蓿干草纤维含量（%DM）

类型	中性洗涤纤维	酸性洗涤纤维
燕麦干草	58.0	36.4
苜蓿干草	41.6	32.8

注：引自NRC（2001）奶牛饲养标准。

[illegible]

[illegible]

[illegible] (% DM)

[illegible]	[illegible]	[illegible]
[illegible]	36.4	32.8
[illegible]	58.0	41.6

[illegible]: NRC (2001) [illegible]

三、相对饲喂价值（RFV）和相对饲喂质量（RFQ）

相对饲草品质是依据酸性洗涤纤维和中性洗涤纤维的综合表现来选择理想型饲草的重要指标，数值越高，说明饲草的饲用价值越高、品质越好。RFV适用于以苜蓿为代表的豆科饲草，用RFV评价禾本科饲草会导致严重低估其质量。应避免用RFV值对燕麦干草和苜蓿干草进行质量比较和定价。用RFQ评价禾本科饲草优于RFV，能更好地体现其质量。

燕麦干草RFV根据$RFV=DDM \times DMI/1.29$经验公式计算。

$DDM(\%)=88.9-0.779ADF(\%DM)$

$DMI(\%BW)=120/NDF(\% DM)$

燕麦干草RFQ根据$RFQ=DMI \times TDN/1.23$经验公式计算。

DMI根据DMI_{grass}计算。

$$TDN_{grass}=(NFC \times 0.98)+(CP \times 0.87)+(FA \times 0.97 \times 2.25)+(NDFn \times NDFDp/100)-10$$

$$DMI_{grass}=-2.318+0.442 \times CP-0.010\ 0 \times CP^2-0.063\ 8 \times TDN+0.000\ 922 \times TDN^2+0.180 \times ADF-0.001\ 96 \times ADF^2-0.005\ 29 \times CP \times ADF$$

$FA=EE-1$

$NDFn=NDF-NDFCP$，或$NDFn=NDF \times 0.93$

$NFC=100-(NDFn+CP+EE+ash)$

$NDFDp=22.7+0.664 \times NDFD$

CP：粗蛋白，EE：粗脂肪，FA：脂肪酸，NDF：中性洗涤纤维，NDFCP：中性洗涤不溶性蛋白，NDFn：无氮中性洗涤纤维，NDFD：48 h体外中性洗涤纤维消化率，NFC：非结构性碳水化合物。

[illegible] (RFV) [illegible] (RFQ)

[illegible]

[illegible] RFV [illegible] RFQ [illegible] RFV [illegible] RFV [illegible]

[illegible] RFV [illegible] RFV = DDM×DMI/1.29 [illegible]

DDM (%) =88.9 − 0.779ADF (%DM)

DMI (%BW) =120/NDF (%DM)

[illegible] RFQ [illegible] RFQ =DMI×TDN/1.23 [illegible]

DMI [illegible] DM_{grass} [illegible]

TDN_{grass} =(NFC×0.98) + (CP×0.87) + (FA×0.97×2.25) + (NDFn×NDFDp/100) − 10

DMI_{grass} = − 2.318+0.442×CP − 0.010 0×CP^2 − 0.063 8×TDN+0.000 922 ×

TDN^2+0.180×ADF − 0.001 96×ADF^2 − 0.005 29×CP×ADF

FA = EE − 1

NDFn=NDF−NDFCP [illegible] NDFn=NDF×0.93

NFC=100 − (NDFn+CP+EE+ash)

NDFDp=22.7+0.664×NDFD

[illegible] CP : [illegible] EE : [illegible] FA : [illegible] NDF : [illegible] NDFCP : [illegible]

[illegible] NDFn : [illegible] NDFD : 48 h [illegible]

[illegible] NFC : [illegible]

RFQ通常要明显高于RFV。如果用RFQ而不是用RFV来比较燕麦干草和苜蓿干草，二者之间的差异会减小。

燕麦干草和苜蓿干草的RFV与RFQ

类型	CP	NDF	ADF	TDN	RFV	RFQ
燕麦干草	9.1	58.0	36.4	55.9	97.1	108.8
苜蓿干草	19.2	41.6	32.8	56.4	141.7	142.0

注：CP、NDF、ADF、TDN数据来自NRC（2001）奶牛饲养标准。

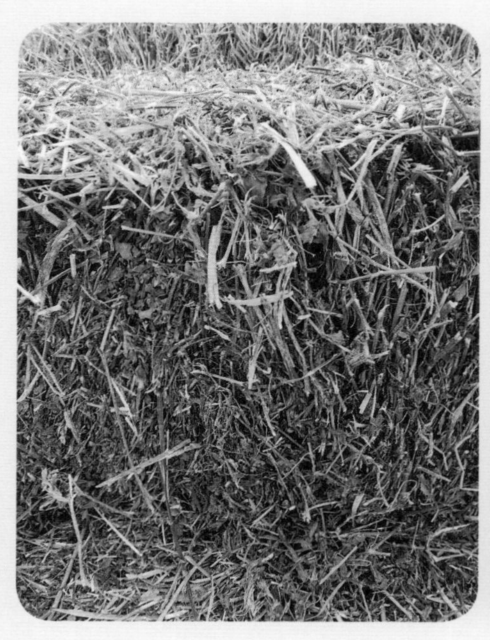

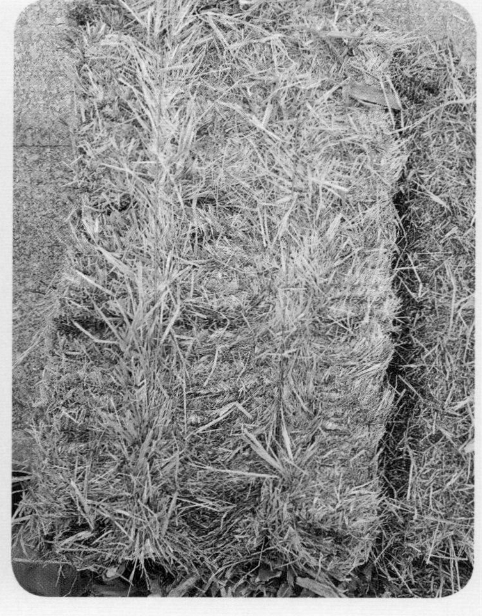

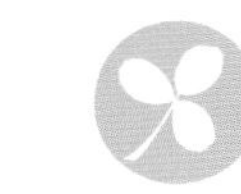

RFQ ᠶᠢ ᠬᠡᠷᠡᠭᠯᠡᠵᠦ RFV ᠶᠢ ᠣᠷᠣᠯᠠᠭᠤᠯᠬᠤ ᠬᠡᠷᠡᠭᠲᠡᠢ ᠪᠣᠯᠤᠨ᠎ᠠ ᠃ ᠡᠭᠦᠨ ᠢ RFV ᠪᠣᠯᠤᠨ ᠂ ᠬᠠᠷᠢᠨ RFQ ᠪᠠᠷ ᠪᠠᠭ᠎ᠠ ᠴᠢᠨᠠᠷᠲᠠᠢ ᠪᠣᠳᠣᠭ ᠲᠡᠵᠢᠯ ᠦᠨ ᠳᠡᠭᠡᠳᠦ ᠴᠢᠨᠠᠷᠲᠠᠢ ᠪᠣᠳᠣᠭ ᠲᠡᠵᠢᠯ ᠢ
ᠦᠨᠡᠯᠡᠬᠦ ᠳᠦ ᠂ ᠴᠢᠨᠠᠷ ᠤᠨ ᠵᠢᠭᠠᠯᠳᠤᠭᠤᠯᠬᠤ ᠬᠡᠮᠵᠢᠭ᠎ᠡ ᠶᠢ ᠪᠣᠯᠪᠠᠰᠤᠷᠠᠭᠤᠯᠤᠨ᠎ᠠ ᠃

ᠪᠠᠭ᠎ᠠ ᠴᠢᠨᠠᠷᠲᠠᠢ ᠪᠣᠳᠣᠭ ᠲᠡᠵᠢᠯ ᠪᠠ ᠳᠡᠭᠡᠳᠦ ᠴᠢᠨᠠᠷᠲᠠᠢ ᠪᠣᠳᠣᠭ ᠲᠡᠵᠢᠯ ᠦᠨ RFV ᠪᠠ RFQ

ᠲᠥᠷᠥᠯ ᠵᠦᠢᠯ	CP	NDF	ADF	TDN	RFV	RFQ
ᠪᠠᠭ᠎ᠠ ᠴᠢᠨᠠᠷᠲᠠᠢ ᠪᠣᠳᠣᠭ ᠲᠡᠵᠢᠯ	9.1	58.0	36.4	55.9	97.1	108.8
ᠳᠡᠭᠡᠳᠦ ᠴᠢᠨᠠᠷᠲᠠᠢ ᠪᠣᠳᠣᠭ ᠲᠡᠵᠢᠯ	19.2	41.6	32.8	56.4	141.7	142.0

ᠲᠠᠢᠯᠪᠤᠷᠢ : CP · NDF · ADF · TDN ᠵᠡᠷᠭᠡ ᠪᠣᠯ NRC（2001）ᠣᠨ ᠤ ᠮᠡᠳᠡᠭᠡ ᠪᠢᠴᠢᠭ ᠡᠴᠡ ᠠᠪᠤᠭᠰᠠᠨ ᠪᠠᠢᠨ᠎ᠠ ᠃

四、燕麦干草分级

在燕麦生产过程中，评价燕麦干草品质的一个最直观、最简便的方式就是感官识别。感官识别也是燕麦生产与贸易流通中最常用的方法。燕麦干草感官质量的评价主要包括气味、色泽和形态。

通常情况下燕麦干草气味要求无异味或者有干草的芳香味；色泽方面，为暗绿色、浅绿色或者浅黄色；形态方面，即干草形态基本均一，茎秆叶均匀一致，无霉变、无结块，允许存在一定比例的杂草。

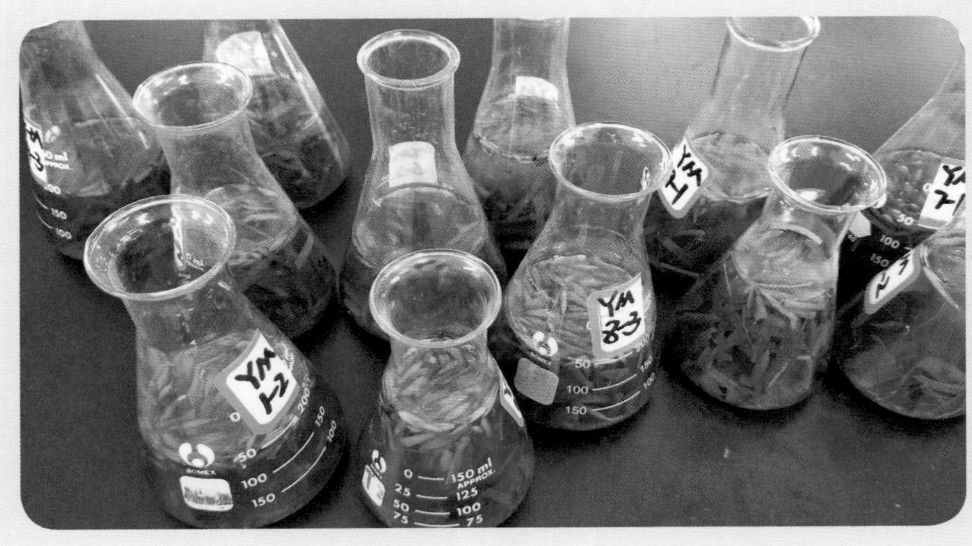

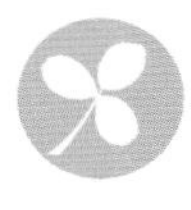

燕麦干草质量评价的另一个方面是理化指标，即粗蛋白质、中性洗涤纤维、杂类草和水分等指标，参照《牧草标准化生产管理技术规范》。

燕麦干草理化指标及质量等级

理化性质		等级		
		一级	二级	三级
粗蛋白质（%）	≥	13	10	7
中性洗涤纤维（%）	≥	55	50	45
杂类草（%）	≤	5	10	15
水分（%）	≤		14	

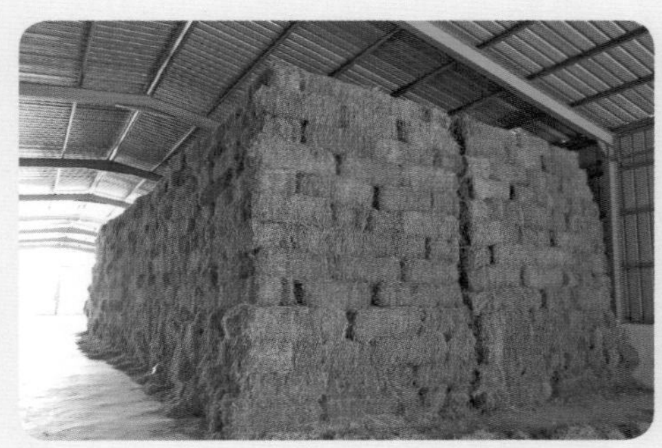

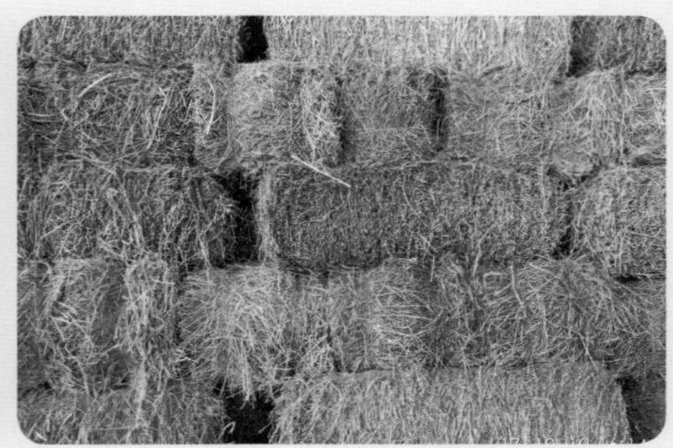

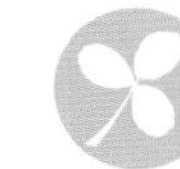
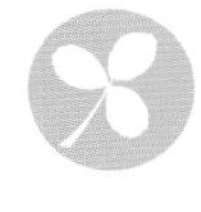

ᠪᠣᠯᠤᠨ᠎ᠠ》 ᠪᠡ ᠨᠡᠢᠴᠡᠭᠦᠯᠦᠨ᠎ᠡ ᠃

ᠬᠠᠳᠠᠯᠠᠮ ᠤᠨ ᠪᠣᠯᠤᠨ᠎ᠠ ᠂ ᠬᠠᠳᠠᠯᠠᠮ ᠤᠨ ᠬᠠᠳᠠᠭᠠᠯᠠᠯᠲᠠ ᠶᠢᠨ ᠴᠢᠨᠠᠷ ᠤᠨ ᠳᠦᠷᠢᠮ ᠢ ᠲᠣᠭᠲᠠᠭᠠᠨ᠎ᠠ ᠃ ᠡᠨᠡ ᠳᠦᠷᠢᠮ ᠨᠢ《ᠪᠦᠬᠦ ᠬᠠᠳᠠᠯᠠᠮ ᠤᠨ ᠪᠣᠯᠤᠨ ᠬᠠᠳᠠᠭᠠᠯᠠᠯᠲᠠ ᠶᠢᠨ ᠬᠡᠮᠵᠢᠶ᠎ᠡ ᠶᠢᠨ ᠲᠡᠭᠦᠷᠢᠶ᠎ᠡ ᠶᠢᠨ ᠰᠢᠯᠭᠠᠯᠲᠠ ᠶᠢᠨ
ᠬᠠᠳᠠᠯᠠᠮ ᠤᠨ ᠂ ᠤᠤᠷᠠᠭ ᠤᠨ ᠬᠡᠮᠵᠢᠶ᠎ᠡ ᠂ ᠬᠦᠴᠢᠯᠡᠭ ᠰᠢᠯᠢᠮᠡᠯ ᠵᠡᠷᠭᠡ ᠶᠢ ᠪᠠᠷᠢᠮᠵᠢᠶ᠎ᠠ ᠪᠣᠯᠭᠠᠨ ᠬᠠᠳᠠᠯᠠᠮ ᠤᠨ ᠴᠢᠨᠠᠷ ᠢ ᠭᠤᠷᠪᠠᠨ ᠳᠡᠰ ᠲᠦ ᠬᠤᠪᠢᠶᠠᠨ᠎ᠠ ᠃ ᠨᠠᠷᠢᠨ ᠵᠢᠭᠠᠯᠲᠠ ᠶᠢ ᠬᠦᠰᠦᠨᠦᠭ ᠲᠦ ᠦᠵᠡᠭᠦᠯᠪᠡ ᠃

ᠬᠦᠰᠦᠨᠦᠭ ᠬᠠᠳᠠᠯᠠᠮ ᠤᠨ ᠬᠠᠳᠠᠭᠠᠯᠠᠯᠲᠠ ᠶᠢᠨ ᠴᠢᠨᠠᠷ ᠤᠨ ᠳᠡᠰ ᠵᠡᠷᠭᠡ ᠶᠢᠨ ᠳᠦᠷᠢᠮ

ᠴᠢᠨᠠᠷ ᠤᠨ ᠵᠢᠭᠠᠯᠲᠠ	ᠤᠤᠷᠠᠭ ᠤᠨ ᠬᠡᠮᠵᠢᠶ᠎ᠡ (%) ≥	ᠳᠤᠮᠳᠠ ᠰᠢᠯᠢᠮᠡᠯ (%) ≥	ᠬᠦᠴᠢᠯᠡᠭ ᠰᠢᠯᠢᠮᠡᠯ (%) ≤	ᠴᠢ᠙ ᠤᠨ ᠬᠡᠮᠵᠢᠶ᠎ᠡ (%) ≤
ᠭᠤᠷᠪᠠᠳᠤᠭᠠᠷ ᠳᠡᠰ	7	45	15	
ᠬᠣᠶᠠᠳᠤᠭᠠᠷ ᠳᠡᠰ	10	50	10	14
ᠨᠢᠭᠡᠳᠦᠭᠡᠷ ᠳᠡᠰ	13	55	5